JN290739

コンピュータ時代の基礎知識
（改訂版）

工学博士 赤間 世紀 著

コロナ社

まえがき

　コンピュータ技術の急速な発展によりコンピュータ時代が到来し，われわれの生活にもコンピュータが深くかかわるようになってきた。そのような状況から，コンピュータ教育も徐々に充実してきた。しかし，われわれの多くがコンピュータについて正しい知識をもっているとは言い難い。したがって，今日のようなコンピュータ時代で生活するためには，コンピュータの基礎知識を身につける必要がある。高校や大学で勉強している人はもちろん，実社会で仕事をしている人もコンピュータの基礎知識は必要であり，今後不可欠になるであろう。

　コンピュータをマスターするためには，実際にコンピュータを操作し，その操作法を覚えるのが最も重要である。多くの人にとって，コンピュータの操作法を覚えるのはそれほど難しくないかもしれない。しかし，自分の操作しているコンピュータの仕組みとその有効な利用法について正しく理解している人は，それほど多くないであろう。実際，それらのコンピュータの基礎知識を正しく理解し，自分の目的に役立てることは容易ではない。なぜならば，コンピュータの基礎知識は，思っているよりかなり難しいからである。

　本書は，コンピュータ時代に要求されるコンピュータの基礎知識を，学生や社会人のために平易に解説することを目的としている。したがって，コンピュータの仕組みからその基本理論，またコンピュータの応用についても十分説明がされている。まず1章では，コンピュータについての一般的知識が説明される。2章と3章は，コンピュータで必要とされる情報に関する理論についての説明である。4章では，ハードウェアが採り上げられる。つぎに5章では，ソフトウェア，特にオペレーティングシステムについて述べる。6章では，コンピュータで使われている言語，すなわちプログラミング言語を紹介し，7章では，プログラミングに必要な知識が説明される。8章から11章は，コンピュータの主要

な応用分野についての説明である．すなわち，データベース，ネットワーク，マルチメディア，人工知能について簡単に述べる．最後に12章では，コンピュータ時代の将来について検討する．このように本書では，コンピュータに関する常識と考えられる事柄のほとんどが触れられている．したがって，本書を読むことにより，短期間に正しく効率的にコンピュータについて自分自身で学習することができるであろう．

1998年7月

赤間 世紀

改訂版発行にあたって

本書初版が出版されて11年が経過した．その間多くの大学などで教科書として採用され，自らも本書を教科書として利用した講義を行ってきた．そして，コンピュータの世界も大きく発展した．また，自らの講義経験や多くの先生方の御意見から，今回本書を改訂することにした．

改訂の骨子はつぎの通りである．まず，ハードウェア装置，マルチメディア形式，ソフトウェアのバージョンなどについては，最新のものについて説明を追加した．また，ソフトウェア技術の発展に伴い，6章のタイトルを「プログラミング言語とソフトウェア開発」に変更し，6.5節「オブジェクト指向」，6.6節「ソフトウェアの品質」，6.7節「プロジェクト管理」を追加した．

さらに，インターネットと関連して9.5節「セキュリティとEコマース」を追加した．インターネットは急速に普及したが，セキュリティの問題を真剣に考えることが必要になった．よって，暗号などの手法を紹介した．また，インターネットの産業への応用としてEコマースについても解説した．

今後も本書が多くの読者にとって有益な教科書になれば幸いである．

2009年2月

赤間 世紀

目　　次

1.　コンピュータと情報処理

1.1　コンピュータの歴史 *1*
1.2　コンピュータの種類 *5*
1.3　コンピュータの基本構成 *8*
1.4　コンピュータと情報処理 *11*

2.　コンピュータにおける情報表現

2.1　情報と情報理論 *14*
2.2　2　進　数 *15*
2.3　数　値　の　表　現 *19*
2.4　文　字　の　表　現 *21*

3.　ブール代数と論理回路

3.1　命　題　論　理 *24*
3.2　ブ ー ル 代 数 *28*
3.3　論　理　回　路 *35*
3.4　組合せ回路と順序回路 *39*

4.　ハードウェア

4.1　ノイマン型コンピュータの仕組み *44*
4.2　Ｃ Ｐ Ｕ *45*
4.3　記　憶　装　置 *47*
4.4　入　出　力　装　置 *49*

5. ソフトウェア

- 5.1 基本ソフトウェアとユーザソフトウェア 52
- 5.2 オペレーティングシステムの目的と歴史 54
- 5.3 オペレーティングシステムの構成 57
- 5.4 オペレーティングシステムの例 59

6. プログラミング言語とソフトウェア開発

- 6.1 プログラミング言語の種類 62
- 6.2 プログラミング言語処理方式 64
- 6.3 おもなプログラミング言語 66
- 6.4 ソフトウェア開発技法 70
- 6.5 オブジェクト指向 73
- 6.6 ソフトウェアの品質 74
- 6.7 プロジェクト管理 76

7. アルゴリズムと計算理論

- 7.1 アルゴリズム 78
- 7.2 構造化プログラミングとフローチャート 81
- 7.3 計算理論 87
- 7.4 データ構造 92

8. データベース

- 8.1 データモデル 96
- 8.2 データベースの分類 97
- 8.3 データベース言語 100
- 8.4 新しいデータベース 106

9. ネットワーク

- 9.1 データ通信 ... 109
- 9.2 ネットワークの形態 ... 111
- 9.3 ネットワークの利用 ... 115
- 9.4 インターネット ... 116
- 9.5 セキュリティとEコマース ... 119

10. マルチメディア

- 10.1 マルチメディアの種類 ... 121
- 10.2 マルチメディア技術 ... 124
- 10.3 コンテンツ ... 127
- 10.4 マルチメディアの応用 ... 130

11. 人工知能

- 11.1 人工知能の研究分野 ... 133
- 11.2 述語論理と論理プログラミング ... 135
- 11.3 知識表現 ... 143
- 11.4 自然言語処理 ... 146

12. コンピュータの将来

- 12.1 新しいコンピュータ ... 149
- 12.2 新しい情報処理技術 ... 151
- 12.3 コンピュータ時代の問題 ... 155

文献 ... 158
索引 ... 159

1　コンピュータと情報処理

1.1　コンピュータの歴史

コンピュータ (computer) は，現在のわれわれの生活において必要品の一つとなっている．実際，われわれの生活の大部分はコンピュータに支えられているわけである．しかし，そのような状況にもかかわらず，われわれの多くはコンピュータについての正しい知識をもっているわけではない．本書の目的は，もちろん，コンピュータ時代に必要とされるコンピュータに関する知識を解説することである．そのためには，まず，コンピュータとは何かを理解しなくてはならない．

一昔前まで，コンピュータのことを電子計算機と呼んでいた．前者は，後者の英訳にほかならないわけだが，最近は，コンピュータという言い方が一般的となっている．しかし，コンピュータが何であるかの答えにはなっていないし，驚くべきことにコンピュータ (サイエンス) の入門書の多く (ほとんど？) は，この問いに答えていない．もしかしたら，はっきりした答えをいう必要はないのかもしれないが，本書は，暫定的にコンピュータをつぎのように定義する．

　　　　コンピュータ ＝ 情報処理を行うための電子装置 (システム)

筆者は，この定義を基本と考えるが，読者は本書を読み終えてからこの定義の妥当性について考えてもらいたい．

コンピュータの本質を理解するためには，コンピュータの歴史を振り返るとよいだろう．コンピュータは，情報処理を行うわけであるが，最も基本的な情報処理は**計算** (computation) である．人間の生活において，計算は必須の行為であり，コンピュータの考え方は紀元前にはあったと考えるべきである．よってコンピュータの歴史的発展を，つぎのように分類することにする．

1. コンピュータと情報処理

- 計算道具
- 計算器
- コンピュータ

ここで，計算道具と計算器は，（現在の）コンピュータの前身と考えられる。

まず，計算するための道具，すなわち計算道具が必要となった。最初の計算道具は，もちろん，紙と鉛筆である。しかし，はっきりした形になっている計算道具は，中国で紀元前に考案された**ソロバン**である。ソロバンは，玉によって**ディジタル** (digital) 計算を行うものである。ほかの計算道具としては，イギリスの Oughtred により 1600 年に考案された**計算尺**がある。計算尺は，最初の**アナログ** (analog) 計算を実現したものと考えられる。ソロバンと計算尺は，人間が主体となって計算を行うという点で計算道具として分類されるべきである。しかし，これらがコンピュータの起源であることに間違いはない。

17 世紀になると，計算を行う機械，すなわち**計算器**が登場し，機械が主体となる計算が可能になった。1642 年にフランスの Pascal は，歯車式の手動の計算器を考案したが，これは加算と減算を行うことができた。1671 年には，ドイツの Leibnitz が乗算と除算も可能な計算器を発明した。1801 年にフランスの Jacquard は，ジャカール織機と呼ばれるパンチカードを用いた織機を開発した。パンチカードの利用は，現在のコンピュータにおけるプログラムの利用に対応している。1833 年にイギリスの Babbage は，Leibnitz と Jacquard の考えを組み合わせた解析機関と呼ばれる計算器を考案した。しかし，Babbage の計算器は，数万個の歯車を蒸気機関によって動作させるものであったため，実現しなかった。

これらの計算器は歯車を用いていたが，その後電気を利用する計算器が考案されるようになった。1886 年にアメリカの Hollerith は，統計計算用のパンチカードを使った電気計算器を発明した。Hollerith の計算器は，当時のアメリカの国勢調査の集計に利用された。その成功により，Hollerith は，現在の IBM 社の前身となる会社を設立した。1944 年に Aiken は，IBM 社と共同で MARK - I と呼ばれる電気計算器を開発したが，これは歯車の代わりにリレーを用いた

ので，計算は高速化されることになった。

　現在のコンピュータは，電子式の計算機，すなわち大規模な機械という意味で上記の計算器と区別すべきである。第2次世界大戦中，軍事上の目的から高速計算可能のコンピュータの研究が行われた。1946年にアメリカのペンシルバニア大学のEckertとMauchlyによって開発されたENIAC (electronic numerical integrator and calculator) は，世界で初めてのコンピュータである。ENIACには18 800本の真空管が用いられており，計算は配線を組み合わせることにより行われた。したがってENIACは，今日のコンピュータの方式とは異なるもので，配線方式のコンピュータと考えられる。現在のコンピュータは，von Neumannが1946年に提案したプログラム内蔵方式の理論に基づいており，**ノイマン型コンピュータ**と総称されている。プログラム内蔵方式の最初のコンピュータは，イギリスのケンブリッジ大学のWilkesらによって開発されたEDSAC (electronic delay storage automatic computer) である。EDSACも真空管を用いたコンピュータであった。こうしてコンピュータ時代は始まったわけである。ENIACやEDSACは研究レベルのコンピュータであったが，やがてコンピュータは商業用にも開発されるようになった。

　その後，商用のコンピュータが開発されることになる。1950年には，ENIACを開発したMauchlyとEckertが，世界初の商用コンピュータであるUNIVAC-1 (universal automatic computer) を開発した。こうして，コンピュータ時代は本格的に始まったわけである。

　以上，コンピュータの誕生までの歴史を簡単に述べてきたが，コンピュータの開発を推進した理論的研究が，1930年代から行われてきたことを忘れてはならない。1936年にTuringは，アルゴリズムを記述するための抽象機械，すなわち**Turing機械** (Turing machine) を提案している。Turing機械は，コンピュータの数学モデルの一つと考えられ，いわゆる計算理論の重要な理論となっている。1948年にWienerは，**サイバネティクス** (Cybernetics) という理論を提唱したが，これは動物や機械における通信と制御の理論とも考えられ，コンピュータの概念に非常に近いものとして注目される。そしてvon Neumannは，

1946年にプログラム内蔵方式のコンピュータシステムの理論を提案した。上述のように，von Neumann の理論がコンピュータの誕生への道を開いたわけである。プログラム内蔵方式のコンピュータでは，**プログラム** (program) と呼ばれる計算の一連の手順とデータをコンピュータ内に記憶させ，実行したいときにプログラムを作動させる。この方式は，EDSAC で実現されたが，現在のコンピュータの処理方式の基本となっている。したがって，われわれが利用しているコンピュータは，ノイマン型と呼ばれるわけである。

つぎに，その後のコンピュータの発展について説明する。コンピュータの急速な進歩は，いわゆる半導体技術に関連している。その中でも最も重要なものは，1948年に Shockley らによって発明されたトランジスタである。それまでは真空管がコンピュータの部品，すなわち電子素子として使われていたが，トランジスタの使用によりコンピュータの小型化および高速化が可能となった。コンピュータの分類は，通常，電子素子(および記憶素子)に対応して行われるが，その発展過程は **表 1.1** で示すような世代で分けられる。

表 1.1　コンピュータの世代

世　代	時　代	電子素子	記憶素子
第1世代	1940年代中期〜1950年代後期	真空管	磁気ドラム
第2世代	1950年代後期〜1960年代中期	トランジスタ	磁気コア
第3世代	1960年代中期〜1970年代初期	IC	磁気コア
第3.5世代	1970年代初期〜1970年代後期	LSI	IC メモリ
第4世代	1980年代初期〜現在	VLSI	LSI メモリ

第1世代のコンピュータの電子素子は，**真空管** (vacuum tube) であった。また，主記憶装置としては**磁気ドラム**が用いられていた。第2世代のコンピュータは，**トランジスタ**を電子素子として用いた。トランジスタは真空管に比べて小さく，消費電力が少なく，また発熱量が少なかった。また，トランジスタは故障も少ない電子素子である。よって，真空管はトランジスタに代わられ，コンピュータは小型化されるようになった。また，トランジスタを用いたコンピュー

タの計算速度は，真空管を用いたコンピュータの 100 倍速くなった．記憶素子としては，**磁気コア**(磁心)と呼ばれるフェライトに酸化鉄の粉末を詰めたドーナツ状の素子が使われるようになった．

　第 3 世代になると，トランジスタをプレーナ技術と呼ばれる加工技術によって回路化した，いわゆる**集積回路**(integrated circuit, IC) が電子素子として用いられるようになった．1970 年代になると，IC 技術は著しく発展した．IC の集積度は 1 万程度まで上がった．これは初期の IC と区別し，**大規模集積回路** (large scale integration, LSI) と呼ばれる．この急速な技術革進により，コンピュータの世代は第 3.5 世代に入った．第 3.5 世代では，記憶素子としても IC が用いられるようになった．1980 年代から始まる第 4 世代に入ると，LSI の集積度はさらに 10 万程度になり，**超 LSI** (very large scale integration, VLSI) となった．また，LSI が記憶素子として用いられるようになった．さて，第 4 世代までのコンピュータは，von Neumann の考え方に基づくノイマン型のコンピュータであった．第 5 世代コンピュータは，非ノイマン型の人工知能コンピュータとされ，1982 年から 10 年間日本でも研究された．今後のコンピュータについては，12 章で解説することにする．

1.2　コンピュータの種類

　前節で説明したように，初期のコンピュータは非常に大型であった．しかし，半導体技術の進歩によりコンピュータは小型化した．この小型化は，通常，**ダウンサイジング**と呼ばれる．したがって，コンピュータの種類は，そのサイズによって分類されることが多い．現在，われわれが知っているコンピュータは，つぎのとおりである．

- 大型コンピュータ (メインフレーム)
- スーパーコンピュータ
- オフィスコンピュータ
- ワークステーション

- パーソナルコンピュータ (パソコン)
- ファミリーコンピュータ (ファミコン)
- 電　卓

この分類は，基本的には，コンピュータのサイズの大きい順で行われている。例えば，大型コンピュータ，スーパーコンピュータは大型であり，オフィスコンピュータは中型であり，ほかは小型ということになる。また，一般に大型になるほどその性能は高くなる。しかし，今日では，技術の進歩により必ずしもそうではない。

さて，コンピュータには，歴史的に二つの流れがあると考えられる。一つは，コンピュータを科学技術や事務処理などに利用する流れであり，大型コンピュータ (メインフレーム) を生んだ。もちろん，これが正統的な流れである。もう一つは，コンピュータを趣味の道具として利用する流れであり，パソコンなどの小型コンピュータを生んだ。そして，これらの二つの流れがたがいに影響し合って現在のようになったわけである。それでは，各コンピュータについてくわしく述べることにする。

1950 年の UNIVAC - I の開発により，コンピュータは研究レベルから商業レベルで考えられるようになった。したがって，いくつかのコンピュータメーカーが出現した。当時のコンピュータは大型であったため，**大型コンピュータ**，または**メインフレーム**と呼ばれた。もちろん，現在のコンピュータの分類として大型コンピュータとなるわけである。また大型コンピュータは，**汎用コンピュータ**とも呼ばれている。これはコンピュータを研究だけではなく，多目的に利用する意図が含まれている。大型コンピュータが汎用的に用いられるようになったのは，電子素子の進歩にも関連している。IBM 社は，1965 年に IBM360 という歴史的な大型コンピュータを発売した。前述のように，この頃になると IC が電子素子として用いられていた。この IBM360 という名前は，360 度どこからでも利用が可能であるという意味であり，汎用的な利用を期待していたわけである。また IBM360 は，いわゆる**オペレーティングシステム** (operating system, OS) をもち，一般ユーザへコンピュータを普及した。その後 IBM 社は，1971

年に IBM370 を開発している。

　さて，大型コンピュータは非常に高価であったため，会社や大学などの研究機関を中心に利用された。また，大型コンピュータはハードウェアが主であり，ソフトウェアはおまけのようなものであった。しかし大型コンピュータの普及は，その後のコンピュータ産業に大きな影響を与えた。

　第3.5世代になると，電子素子はLSIとなり，かなり小型なコンピュータを作ることが可能となった。したがって，いわゆる**パーソナルコンピュータ** (personal computer) が登場した。パーソナルコンピュータはパソコンと省略されることが多いが，その当時は**マイクロコンピュータ**とも呼ばれていた。最初のパーソナルコンピュータは，1971年にインテル社から発売された**マイクロプロセッサ** (micro processor unit, MPU) である。最初のマイクロプロセッサ4004は4 bit のコンピュータであったが，その後8 bit，16 bit，32 bit と拡張され，現在のパソコンの基礎を作ったのである。

　LSIの発展は，科学技術用の高性能コンピュータ，すなわち**ワークステーション** (workstation) を生んだ。ワークステーションは，エンジニアリング関連で利用されるので，**EWS** (engineering workstation) と呼ばれることもある。ワークステーションは，もともと研究者がネットワークを通じ各自の場所で仕事を行うために開発されたコンピュータである。1981年にスタンフォード大学では，SUNワークステーションをイーサネットで接続し画期的な研究環境を構築したが，それ以来ワークステーションは研究所や大学で使われることとなった。また最近では，RISC (reduced instruction set computer) と呼ばれるチップを使ったワークステーションが開発されており，パーソナルコンピュータ並みの価格で数年前の大型コンピュータの性能をもつワークステーションが出現するようになった。

　1980年代になると，コンピュータはさらに高速化されることになる。従来の高速化は，電子素子の進歩によるものであったが，新しいアーキテクチャの採用による高速化も可能である。多数のプロセッサを並列処理したアーキテクチャを大型コンピュータに応用することにより，いわゆる**スーパーコンピュータ**

(supercomputer) が誕生した。スーパーコンピュータは，超高速演算が可能であるため，軍事，宇宙開発，原子力などの分野で利用されている。1980年代初めのもう一つの動きは，会社の仕事における**オフィスオートメーション** (office automation, OA) の動きである。OA化により会社の仕事は次第に機械化され，人件費を減らすことも可能となった。最初の段階のOA化は，**ワードプロセッサ** (word processor, ワープロ) による文書作成や**電卓**による計算中心であったが，会社に中型のコンピュータを導入し，業務自体をシステム化するようになった。この中型コンピュータは，**オフィスコンピュータ** (office computer, オフコン)，または**ミニコンピュータ** (mini computer, ミニコン) と呼ばれている。しかし，パーソナルコンピュータの低価格化により，会社のコンピュータもパーソナルコンピュータが中心になってきている。1980年代後半には，コンピュータを家庭でも利用しようという考え方がでてきた。これは**ファミリーコンピュータ** (family computer) といわれていたが，実際にはゲーム専用コンピュータが**ファミコン**として台頭してきた。しかし，マルチメディアやインターネットへの興味から，今後，コンピュータがさらに身近なものになることは疑いないだろう。

1.3　コンピュータの基本構成

つぎにコンピュータの基本構成について説明する。前節で述べたように，コンピュータにはさまざまな種類があるが，基本的にはノイマン型の考えに基づいているのでほとんど同じである。さて，コンピュータは一つの**システム** (system) として考えられ，**ハードウェア** (hardware) と**ソフトウェア** (software) から構成される。

$$\text{コンピュータシステム} \begin{cases} \text{ハードウェア} \\ \text{ソフトウェア} \end{cases}$$

よってコンピュータは，ハードウェアとソフトウェアが両方そろってはじめて動作することになる。それぞれの詳細については，4章と5章で解説するの

で，ここではコンピュータ全体を総合的にみることにする。ハードウェアとは，日本語に訳すと金物ということになるが，物理的な装置(機械)を示す。すなわち，コンピュータの実体そのものである。それに対して，ソフトウェアは，コンピュータシステムを機能させるプログラムなどの知的創作物を示す。一般には，プログラムのことをソフトウェアという。しかしソフトウェアは，ハードウェアと違って目に見えないので，実体がなく，理解しにくい。von Neumann はプログラム内蔵方式のコンピュータを考えたわけであるので，コンピュータの中にプログラムを入れないと動かないわけである。われわれが日頃コンピュータを利用できるのは，ソフトウェアのおかげであるということになる。

さらにソフトウェアは，**基本ソフトウェア**と**ユーザソフトウェア**に分類される。基本ソフトウェアは，**システムソフトウェア**または**オペレーティングシステム**とも呼ばれるが，現在ではコンピュータシステムの中の一部ともされている。われわれが日常よく耳にする WINDOWS, MS‐DOS, UNIX などは基本ソフトウェアである。基本ソフトウェアは，コンピュータシステム全体を管理するものであり，コンピュータを動かすためには絶対必要となる。一方ユーザソフトウェアは，ユーザが自身の目的のためにシステムに与えるソフトウェアである。ワープロ，ネットワーク，言語などはユーザソフトウェアである。ここで注意すべきことは，ユーザソフトウェアが動いているのは，基本ソフトウェアがコンピュータの中にあるからである。われわれが普段関連するのは，ユーザソフトウェアのほうである。さて，今日ではソフトウェアが重要であるとよくいわれる。コンピュータが登場した頃はハードウェアが中心であり，ソフトウェアはおまけのようなものであった。しかしハードウェアコストの低下，ソフトウェア技術の発展，ソフトウェアの大規模(複雑)化により，ハードウェアよりソフトウェアのほうの重要性が高くなっている。実際，パーソナルコンピュータの例を考えると現在の状況がわかるであろう。

よって，コンピュータの基本構成とは，ハードウェアの基本構成を意味する。ハードウェアの基本装置は，つぎのとおりである。

- 制御装置 (control unit)

- 演算装置 (arithmetic unit)
- 主記憶装置 (mainstorage unit)
- 補助記憶装置 (secondary storage unit)
- 入力装置 (input unit)
- 出力装置 (output unit)

この分類は一つの例であるが，入力装置と出力装置をまとめて**入出力装置**，また主記憶装置と補助記憶装置をまとめて**記憶装置**とすることもある。一般に制御装置と演算装置は，まとめて**中央処理装置** (central processing unit)，または **CPU** と呼ばれる。上記の基本構成を図示すると図 **1.1** になる。

```
                 CPU
         ┌────────┬────────┐
         │ 制御装置 │ 演算装置 │
         └────────┴────────┘
               │
┌────────┐  ┌────────┐  ┌────────┐
│ 入力装置 │─│主記憶装置│─│ 出力装置 │
└────────┘  └────────┘  └────────┘
               │
         ┌──────────┐
         │補助記憶装置│
         └──────────┘
```

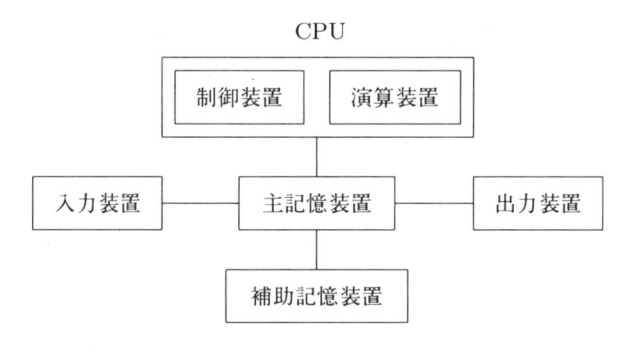

図 **1.1** コンピュータの基本構成

制御装置は，ほかの装置も含めてコンピュータ全体を制御する装置である。演算装置は，記憶装置に格納されているデータの演算を行う装置である。この二つを総称して CPU というが，CPU は人間でいうと脳に対応する。主記憶装置はプログラムとデータを格納する装置であり，**メモリ**とも呼ばれる。また補助記憶装置は，すぐ実行する必要のないプログラムとデータを格納する装置である。入力装置は，データの入力を行う装置であり，出力装置はデータの出力を行う装置である。入力装置は人間の目や耳，出力装置は人間の口に対応する。

1.4 コンピュータと情報処理

1章の最初で，コンピュータを情報処理を行うための電子装置と定義した．実際，今日は情報化社会であり，コンピュータは情報処理のための道具ということになる．では，**情報処理** (information processing) とは何であろうか．情報に関するくわしい説明は2章で行うことにするが，ここではコンピュータが情報処理のためにいかに利用されているかを簡単に述べることにする．コンピュータの歴史で述べたように，コンピュータは当初軍事と科学技術のための計算に利用されていた．大型コンピュータは非常に高価であったため，いわゆる研究のためにのみ用いられていたわけである．その後，商用コンピュータが開発され，コンピュータの一般利用が始まったが，おもに事務処理に使われていた．よって初期のコンピュータの応用は，**科学技術計算**と**事務計算**に限られていた．

一般に，科学技術計算は数学的に複雑であり，高速計算が要求される．コンピュータが開発されるまでは，科学者はこのような計算を手あるいは計算器で行っていた．よってコンピュータの登場は，科学技術の発展に大きな影響を与えることになった．コンピュータの開発が，ミサイルの弾道計算や原子爆弾の開発に深くかかわっていたことはよく知られている．このような背景から，大型コンピュータは大学や研究所を中心に利用された．第2次世界大戦後，世界経済は発展し，会社の規模も大きくなっていった．会社では，多量のデータを扱う事務処理を効率的に行う必要性があった．給料計算，原価計算，顧客リストの作成などの業務は，人手に頼っていたが，コンピュータの導入によりそれらにかかるコストを減少させることが可能となった．このことは，コンピュータ産業の発展と大きな関連があると思われる．

その後，コンピュータ技術の発展によりコンピュータの応用分野も飛躍的に広がった．ここでそれらのすべてについて紹介することはできないが，その中から重要と思われるものについて簡単に述べることにする．まず，われわれに身近なものとして**文書・表作成**が挙げられる．これは事務処理の一部であり，

いわゆる**ワードプロセッサ**(ワープロ)や**表計算ソフト**を生んだ。事務処理に関連するものとしては，**データベース**がある。これは，多量のデータを管理するシステムであり，会社のコンピュータ化においても必須なものである。なお，データベースについては8章でくわしく説明する。コンピュータは通信手段として用いることもできる。通信への応用は，**ネットワーク**と呼ばれる。インターネットなどの登場によりネットワークは，今後，最も重要な応用分野の一つとして注目されるであろう。なお，ネットワークについては9章で解説する。今日までのコンピュータの歴史では，データベースとネットワークは，われわれの生活にも密接に関連するコンピュータの応用分野であると思われる。

　コンピュータの能力が高くなり，われわれの生活が豊かになるとコンピュータへの期待はさらに大きくなる。従来，コンピュータが扱っていたデータは，数字や文字であったが，今日では，コンピュータによって図形や画像を処理することができる。この分野は，**コンピュータグラフィックス**(computer graphics, CG)と呼ばれる。同様にコンピュータに音を処理させる**音声処理**(speech processing)も実用化に近くなってきた。このような新しいタイプのデータを処理させる分野は，**マルチメディア**(multimedia)と呼ばれる。なお，これについては10章で紹介することにする。コンピュータ技術は，産業の内部にも直接的に影響を与えるようになってきた。例えば，設計や製図の仕事は，**CAD**(computer aided design)と呼ばれるシステムによって自動化されるようになった。また，工場の製品製造の工程も**CAM**(computer aided manufacture)と呼ばれるシステムにより自動化や省力化が可能となった。コンピュータの利用は，産業のみならず教育の分野でもみられるようになった。パソコンやマルチメディアを用いた教育も行われるようになったし，また，**CAI**(computer aided instruction)や**CAL**(computer aided learning)の導入による学習そのものへのコンピュータの応用も試みられている。

　このように，コンピュータを用いた情報処理の分野は多様化してきた。しかし，現在でも新しい可能性が研究されている。10章で述べるマルチメディア技術は，人間の感情や感性の処理をめざして研究が進められている。その中の一

つが**仮想現実感** (virtual reality, VR) であり，われわれの想像する仮想的な世界がコンピュータによって実現されることになる．また，歴史は古いが，いわゆる**人工知能** (artificial intelligence, AI) も新しいコンピュータの応用分野となるであろう．人工知能は，コンピュータに人間と同じように考えさせる能力を与えることを目標としている．仮想現実感や人工知能は，まだ研究レベルの分野であるが，将来的には興味深いものである．これらの話題については10章と11章で説明する．新しい情報処理のためには，当然新しいコンピュータ，すなわち非ノイマン型コンピュータの開発が望まれる．新しいコンピュータと情報処理の研究も，もちろん行われている．これについては，12章で紹介することにする．

2 コンピュータにおける情報表現

2.1 情報と情報理論

コンピュータは，情報処理のために開発されたわけであるが，"情報"とは何であろうか。**情報** (information) という言葉は，コンピュータの誕生以前から用いられていた。また，われわれの世界でもしばしば情報という言葉が使われる。情報について研究する分野は，**情報理論** (information theory) と呼ばれる。本章では，情報についての基本的な理論について学ぶことにする。直観的にいうと，情報とは，ある対象に関して認識されていることを意味する。しかし，この説明は非常にあいまいで理解しにくい。ここで，情報の一般的性質を考えると，まず目に見えないので実体がないといえるだろう。また，情報は主観的な概念である。以上の二点から，情報を定量化することは困難であると思われる。よって，情報を科学的に研究することは不可能であると長い間考えられていた。

1948 年に Shannon は，確率論的な情報通信モデルを提案し，情報の定量化の方法を示した。Shannon の研究は，情報理論の基礎となり，コンピュータサイエンスにも大きな影響を与えた。Shannon の理論では，情報は伝達されたときの量としてモデル化される。この情報の大きさは**情報量** (information content) と呼ばれ，確率論的に定義される。いま，事象 A が起こる確率を $P(A)$ とすると $(0 \leq P(A) \leq 1)$，事象 A によって伝達される情報量 $I(A)$ は

$$I(A) = -\log P(A) \tag{2.1}$$

で定義される。したがって，A が起こる確率が小さいほど，情報量 $I(A)$ は大きくなる。

また，たがいに独立に起こる二つの独立事象 A, B が同時に起こったときの

情報量を $I(A \cap B)$ とすると，$P(A \cap B) = P(A)P(B)$ となるので

$$
\begin{aligned}
I(A \cap B) &= -\log P(A \cap B) \\
&= -\log P(A)P(B) \\
&= -\log P(A) - \log P(B) \\
&= I(A) + I(B)
\end{aligned}
\tag{2.2}
$$

となる．すなわち，事象 $A \cap B$ の情報量は，事象 A, B の情報量の和となる．式 (2.1) の対数の底を 2 にしたときの情報量 $I(A)$ は，**ビット** (bit) と呼ばれる．bit は，binary digit の省略形であり，コンピュータにおける情報量の基本単位とされる．

$$
I(A) = -\log_2 P(A) \tag{2.3}
$$

式 (2.3) で $P(A) = \dfrac{1}{2} = 0.5$ とすると

$$
\begin{aligned}
I(A) &= -\log_2 \frac{1}{2} \\
&= -\log_2 2^{-1} \\
&= \log_2 2 \\
&= 1 \text{ bit}
\end{aligned}
\tag{2.4}
$$

となる．よって式 (2.4) から，1 bit は，まったく同じ確率で起こる二つの事象の一つが起きたときの情報量と考えられる．例えば，コインを投げて表か裏がでたときのそれぞれの情報量は 1 bit である．また，つぎに説明する 2 進数の 1 桁も 1 bit に対応する．

2.2　2　進　数

前節で述べた情報理論に基づき，コンピュータ内部では情報が表現されている．すなわち，コンピュータ内部では **2 値論理** が用いられ，数値や文字などは，コード化によりいわゆる 2 進数で表現される．この考え方は，3 章で解説する

ブール代数や論理回路とも深く関連している．さて，われわれの生活では10進数が用いられている．しかし，コンピュータでは2進数が用いられる．10進数とは，数字 $0,1,2,3,4,5,6,7,8,9$ によって数値を表現するものである．例えば，123.5 はつぎのように表される．

$$123.5 = 1\times 10^2 + 2\times 10^1 + 3\times 10^0 + 5\times 10^{-1} \tag{2.5}$$

この考え方を一般化したのが p 進数である．p 進数の数字列

$$a_n a_{n-1} \cdots a_0 . a_{-1} \cdots a_{-m} \tag{2.6}$$

は

$$a_n \times p^n + a_{n-1} \times p^{n-1} + \cdots$$
$$+ a_0 \times p^0 + a_{-1} \times p^{-1} + \cdots + a_{-m} \times p^{-m} \tag{2.7}$$

と解釈される．ここで，p は **基数** (base)，n は **指数** (exponent)，a_i は **仮数** (mantissa) と呼ばれる．数字列 (2.6) の途中の．は，小数点であり，$a_n a_{n-1} \cdots a_0$ は整数部，$a_{-1} \cdots a_{-m}$ は小数部を表す．

コンピュータでは，**2進数** (binary digit) と **16進数** (hexadecimal digit) が基本となっているのに対し，われわれの日常は，**10進数** (deciaml digit) が基本となっている．

2進数 $(p=2)$		$0,1$
10進数 $(p=10)$		$0,1,2,3,4,5,6,7,8,9$
16進数 $(p=16)$		$0,1,2,3,4,5,6,7,8,9,\mathrm{A},\mathrm{B},\mathrm{C},\mathrm{D},\mathrm{E},\mathrm{F}$

使用している n 進数をはっきりさせるために，10_2, 100_{10}, ABC_{16} のように添字を付けることもある．2進数と10進数の対応はつぎのとおりである．

$$0_2, 1_2, 10_2, 11_2, 100_2, 101_2, 110_2, 111_2, 1000_2, 1001_2, 1010_2, \cdots$$
$$0,\ 1,\ 2,\ 3,\ 4,\ 5,\ 6,\ 7,\ 8,\ 9,\ 10, \cdots$$

16進数では，0から9の数字とAからFの英文字が用いられる．したがっ

て，10_{10} から 15_{10} の数はアルファベット 1 文字で表現される。

$0\sim 9,\ A,\ B,\ C,\ D,\ E,\ F, 10, 11, 12, \cdots$

$0\sim 9, 10, 11, 12, 13, 14, 15, 16, 17, 18, \cdots$

つぎに，2 進数と 10 進数間の変換について述べる。まず，2 進数から 10 進数への変換を説明するが，これは上記の定義から行うことができる。

例 2.1

2 進数 1011_2 は，10 進数ではつぎのように表現される。

$$1011_2 = 1 \times 2^3 + 0 \times 2^2 + 1 \times 2^1 + 1 \times 2^0$$
$$= 8 + 0 + 2 + 1$$
$$= 11_{10}$$

ここで，$2^0 = 1$ となる。よって，1011_2 は 10 進数では 11_{10} となる。

例 2.2

2 進数 0.111_2 は，10 進数ではつぎのように表現される。

$$0.111_2 = 0 \times 2^0 + 1 \times 2^{-1} + 1 \times 2^{-2} + 1 \times 2^{-3}$$
$$= 0 + 1 \times 0.5 + 1 \times 0.25 + 1 \times 0.125$$
$$= 0.875_{10}$$

よって，0.111_2 は 10 進数では 0.875_{10} となる。

つぎに，10 進数から 2 進数への変換について説明する。10 進数 m を 2 で割ったときの商を m_1，その余りを a_0 とする。また，m_1 を 2 で割ったときの商を m_2，その余りを a_1 とする。同様に商が 0 になるまで 2 で割っていくと，m はつぎのように表現することができる。

$$m = m_1 \times 2^1 + a_0 \times 2^0$$

$$= (m_2 \times 2^1 + a_1 \times 2^0) \times 2^1 + a_0 \times 2^0$$
$$= m_2 \times 2^2 + a_1 \times 2^1 + a_0 \times 2^0$$
$$\vdots$$
$$= a_n \times 2^n + a_{n-1} \times 2^{n-1} + \cdots + a_1 \times 2^1 + a_0 \times 2^0$$

したがって，10進数 m は，2進数では $a_n a_{n-1} \cdots a_1 a_0$ で表現される．10進小数を2進数に変換するためには，逆の操作を行えばよいが，多少わかりにくい．すなわち，m を順次2倍していく．n 回2倍を行ったときの値が1以上のとき

$$2^n \times m \geqq 1$$

となるので，2^{-n} の係数 a_{-n} は1となる．また，$a_{-1}, a_{-2}, \cdots, a_{-n+1}$ は0となる．よって，$2^n \times m - 1$ とし，同様の操作を積の小数値が0になるまで続ける．

例 2.3

20_{10} を2進数に変換する．

$$20 \div 2 = 10 \cdots 0 \quad (a_0)$$
$$10 \div 2 = 5 \cdots 0 \quad (a_1)$$
$$5 \div 2 = 2 \cdots 1 \quad (a_2)$$
$$2 \div 2 = 1 \cdots 0 \quad (a_3)$$
$$1 \div 2 = 0 \cdots 1 \quad (a_4)$$

よって

$$20_{10} = a_4 a_3 a_2 a_1 a_0 = 10100_2$$

となる．

例 2.4

$0.406\,25_{10}$ を2進数に変換する．

$$0.406\,25 \times 2 \;=\; \mathbf{0.812\,5} \quad (a^{-1} = 0)$$

$$0.812\,5 \times 2 = \mathbf{1}.625 \quad (a^{-2} = 1)$$

$$(1.625 - 1) \times 2 = \mathbf{1}.25 \quad (a^{-3} = 1)$$

$$(1.25 - 1) \times 2 = \mathbf{0}.5 \quad (a^{-4} = 0)$$

$$0.5 \times 2 = \mathbf{1}.0 \quad (a^{-5} = 1)$$

$$1 - 1 = 0$$

よって

$$0.406\,25_{10} = 0.a^{-1}a^{-2}a^{-3}a^{-4}a^{-5} = 0.01101_2$$

となる。

2.3 数値の表現

　前述のように，コンピュータ内部の情報の最小単位は，1 bit である。通常は，byte (バイト) と呼ばれる単位とともに使われる。なお，1 byte = 8 bit である。また，$2^{10} = 1\,024$ で $1\,000$ に近いので，コンピュータの世界では $1\,024$ を 1 K (キロ) と呼び，$1\,024$ K $= 2^{20} = 1\,048\,576$ が 100 万 (10^6) に近いので 1 M (メガ)，また，$1\,024$ M $= 2^{30}$ は，1 G (ギガ) と呼ぶ。

　さて，数値はコンピュータで扱う最も重要なデータである。数値データは，基本的には整数と実数に分類される。これらのデータは，前節の 2 進数を用いて表現される。また，これらのデータには正負の符号が付く場合もある。まず，正の整数は，符号を無視すれば 2 進数によって表現可能である。コンピュータでは，一般に数値を 2 進数列で表現するが，一定の長さの 2 進数列を用いる。通常，数値の表現は，8 bit，16 bit，32 bit の長さの 2 進数列である。したがって，正整数を表す 10 進数の最大値は

　　8 bit　　$2^8 - 1 = 255$

　　16 bit　　$2^{16} - 1 = 32\,767$

となるが，2 進数で表現すると

8 bit　　　$100000000 - 1 = 11111111$

16 bit　　　$10000000000000000 - 1 = 1111111111111111$

となる。よって，これらの数を超える整数を表すことはできない。

つぎに，負の整数の表現について説明する。厳密にいうと，正負の整数のためには+，−の符号が必要となる。一般には，2進数列の前に符号用の 1 bit を追加し，その bit が 0 ならば正数，1 ならば負数とする。しかしこの表現形式では，+0 と −0 が生じるなどの問題がある。

現在，コンピュータでは，一般に**補数** (complement) の概念を用いて負数を表現することが多い。いま，N を n 桁の p 進数とすると，N の補数には，n の補数 $p^n - N$ と $n-1$ の補数 $p^n - N - 1$ の 2 種類がある。したがって，2 進数の場合，**1 の補数** (one's complement) と **2 の補数** (two's complement) がある。1 の補数を求めるためには，N の各桁の 0 と 1 を反転すればよい。これは，N の各桁を 1 から引くことと同じである。2 の補数は，1 の補数に 1 を足せば得られる。負数の表現には，この二つの補数が用いられる。2 の補数により，-2^{n-1} から $2^{n-1} - 1$ の整数を表現することができる。また，2 の補数表示は，減算を加算として解釈するときも用いられる。

例 2.5

8 bit の場合の -123_{10} の 2 の補数を求める。

まず，123_{10} の絶対値 123_{10} を 2 進数に変換する。

　　　(1)　　　01111011

つぎに，(1) の各桁の 0 と 1 を反転する。

　　　(2)　　　10000100　　（1 の補数）

(2) に 1 を加える。

　　　(3)　　　10000101　　（2 の補数）

よって，(3) が -123_{10} の 2 の補数表示となる。

実数は，単純にいうと小数点を含む数値である．実数の表現法としては，**固定小数点形式** (fixed point format) と**浮動小数点形式** (floating point format) の2種類が知られている．固定小数点形式は，小数点の位置を決めて小数を表現するものであり，浮動小数点形式は，指数を用いて小数点の位置を自由に変えて小数を表現するものである．固定小数点形式で表示可能な実数値の範囲は限定される．しかし，科学技術計算では，非常に大きな数と小さな数を扱う．したがって，浮動小数点形式が一般に用いられる．実数 N は，浮動小数点形式ではつぎのように表現される．

$$N = M \times B^E$$

ここで，M は**仮数** (mantissa)，B は**基数** (base)，E は**指数** (exponent) と呼ばれる．例えば，2 000 は

$$2.0 \times 10^3$$

と表すことができる．コンピュータにおける実数の表現形式としても浮動小数点形式が用いられるが，大型コンピュータの IBM 形式 ($B = 16$) とワークステーションやパソコンの IEEE 形式 ($B = 2$) が知られている．これらの形式で実数は，一定長の bit 列

S	E	M

として表される．ここで，S は符号を示す．なお，指数部 E の表現範囲を超える数は表現不可能であり，大きい場合はオーバーフロー，また小さい場合はアンダーフローとなる．

2.4 文字の表現

コンピュータは，数値だけではなく文字もデータとして扱うことができる．コンピュータの内部では，文字も数値と同様に2進数で表現される．文字データは直接2進数に変換することができないため，2進数列によって表現するが，

これは**コード化** (coding) と呼ばれる。コンピュータで扱う文字には，数字，英大文字，英小文字，特殊記号，片仮名，平仮名，漢字がある。例えば，1文字を7 bit で表せば，$2^7 = 128$ 個の文字を，また1文字を 8 bit 表せば $2^8 = 256$ 個の文字を表すことができる。通常，コンピュータで用いられる文字は，英文字，数字，記号を含めて 100～200 個程度であるので，7 または 8 bit 必要であることがわかる。これらの文字は，**半角文字**と呼ばれる。さらに，日本語 (中国語，韓国語など) を処理するためには，漢字を表現しなくてはならない。実際，漢字は数千個あるので，2 byte で 1 文字を表現している。よって，$2^{16} = 65\,536$ 個の漢字を扱うことができる。2 byte で表現されるこれらの文字は，**全角文字**と呼ばれる。

コンピュータの世界では，文字のコード化を標準化している。標準化によって，各国のコンピュータのデータの互換を保証することができる。このような観点から **ISO** (international standardization for organization, 国際標準化機構) は，世界共通な英数字と記号のコードとして **ISO コード**を規定している。ISO コードでは，8 bit 中の最上位 1 bit を各国の言語に対応する bit とし，残りの 7 bit によりコードを規定している。現在では，各国が ISO コードを基本にコードを規定している。代表的なものとしては，アメリカの **ASCII** (American standard code for information interchange, アメリカ情報交換標準コード (アスキー)) が知られている。また，ほかの考え方に基づくコードとしては，IBM 社の大型コンピュータで用いられている **EBCDIC** (extended binary coded decimal interchange code), UNIX 用の AT&T 社が決めた **EUC** (extended UNIX code) などがある。日本語のコードとしては，**JIS コード** (Japan industrial standard code) がある。JIS コードは，ISO コードに基づくコードであるが，JIS7 単位コードと JIS8 単位コードがある。JIS コードでは漢字もコード化されているが，よく使われる漢字 (2 965 個) は JIS 第 1 水準，その他の漢字 (3 390 個) は JIS 第 2 水準として規格化されている。さて，日本語では，漢字などの 2 byte の全角文字を 1 byte の半角文字と一緒に使うとき，両者を区別しなければならない。この問題を解決するために，漢字コードには，JIS 漢字コード，シフ

トJIS漢字コードなどがある。参考のためにASCIIコード表を示す(**表 2.1**)。例えば，英小文字 a は，ASCIIコードでは 0x61 という数値としてコード化されている。ここで，0x61 は 61 が 16 進数表示であることを示している．

表 2.1 ASCII コード表

上位 →
下位 ↓

	0	1	2	3	4	5	6	7
0	NUL	DEL	SP	0	@	P	`	p
1	SOH	DC_1	!	1	A	Q	a	q
2	STX	DC_2	"	2	B	R	b	r
3	ETX	DC_3	#	3	C	S	c	s
4	EOT	DC_4	$	4	D	T	d	t
5	ENQ	NAK	%	5	E	U	e	u
6	ACK	SYN	&	6	F	V	f	v
7	BEL	ETB	'	7	G	W	g	w
8	BS	CAN	(	8	H	X	h	x
9	HT	EM	)	9	I	Y	i	y
A	LF	SUB	*	:	J	Z	j	z
B	VT	ESC	+	;	K	[	k	{
C	FF	FS	,	<	L	\	l	|
D	CR	GS	-	=	M	]	m	}
E	SO	RS	.	>	N	^	n	~
F	SI	US	/	?	O	_	o	DEL

3 ブール代数と論理回路

3.1 命題論理

2章で説明したように，コンピュータの内部では，データは2進数で表されている。したがって，コンピュータの計算は2進数に関する演算となるが，これは**論理演算** (logical operation) に基づいて行われる。論理演算の理論は，Booleによって提案された**ブール代数** (Boolean algebra) であり，コンピュータの論理回路の設計に利用される。よって，コンピュータの計算の仕組みを学ぶためには，ブール代数を理解しなくてはならない。ブール代数は，論理式を代数的に扱う理論であるが，いわゆる**命題論理** (propositional logic) と等価な理論である。

論理学 (logic) は，推論を研究する学問であるが，命題論理は，最も基本的な論理システムである。さて，命題論理は**命題** (proposition) を扱う論理システムである。命題とは，真偽がはっきりする文を意味する。よって，命題は**真** (true) または**偽** (false) のいずれかである。この二つは，**真理値** (truth-value) とも呼ばれるが，2進数の1と0に対応させることによって代数的な理論 (すなわちブール代数) として扱うこともできる。

命題論理は，**命題計算** (propositional calculus) とも呼ばれるが，**形式システム** (formal system) として理論化される。形式システムで用いられる言葉は**形式言語** (formal language) と呼ばれ，あいまい性がない。さて，論理システムを研究する際には，**モデル理論** (model theory) と**証明理論** (proof theory) の二つの考え方がある。簡単にいうと，前者は意味を研究するものであり，後者は証明の方法について研究するのものである。

命題論理 PC の言語 L は，命題の集合 $PV = \{A, B, C, \cdots\}$，論理記号の集

合 $\{\neg, \&, \vee, \rightarrow\}$，および括弧（，）から構成される．また，真理値は 1（真）か 0（偽）のいずれかである．なお，1 と 0 の代わりに T と F，t と f が用いられることもある．PC の **式**（formula）は，命題変数と論理記号から帰納的に定義される．PC の式は，つぎの 4 種類である．

$\neg A$（否定），「A でない」(NOT)

$A \& B$（連言），「A かつ B」(AND)

$A \vee B$（選言），「A または B」(OR)

$A \rightarrow B$（含意），「A ならば B」($IMPLY$)

なお，$A \leftrightarrow B$（同値）は，$(A \rightarrow B) \& (B \rightarrow A)$ の省略形として用いられる．ここで & と ∨ は，それぞれ論理積と論理和と呼ばれることもある．

PC のモデル理論は，**割当関数**（assignment function）$\nu : PV \rightarrow \{1, 0\}$ として定義される．割当関数は，命題変数に真理値を割り当てる関数である．よって，任意の命題変数 A について

$\nu(A) = 1$ または $\nu(A) = 0$

であり，かつ

$\nu(A) = 1$ かつ $\nu(A) = 0$

であることはない．以上から，任意の式 A の真理値 A^ν をつぎのように帰納的に定義することができる．

$A^\nu = \nu(A)$ （A が命題変数のとき）

$(\neg A)^\nu = 1 \Leftrightarrow A^\nu = 0$

$(A \& B)^\nu = 1 \Leftrightarrow A^\nu = B^\nu = 1$

$(A \vee B)^\nu = 0 \Leftrightarrow A^\nu = B^\nu = 0$

$(A \rightarrow B)^\nu = 0 \Leftrightarrow A^\nu = 1$ かつ $B^\nu = 0$

割当関数の定義から，$A^\nu \neq 1$ ($A^\nu \neq 0$) ならば $A^\nu = 0$ ($A^\nu = 1$) となる．例えば，$A \& B$ の真理値が 1 であるのは，A と B の真理値が両方 1 であるとき

であり，それ以外のときは $A \& B$ の真理値は 0 となる．式 A がすべての割当関数 ν に関して $A^\nu = 1$ であるとき，A は**トートロジー** (tautology) と呼ばれ，$\models A$ と書かれる．PC の式がトートロジーであるかをチェックする方法としては，真理値表がしばしば用いられる．なお，これについては次節で説明する．

つぎに，PC の証明理論について説明する．証明理論にはいくつかの理論が知られているが，ここでは最も基本的な証明理論である **Hilbert システム** (Hilbert system) を紹介する．Hilbert システムは公理システムと呼ばれることもあるが，**公理** (axiom) と**推論規則** (inference rule) によって形式化される．公理は，推論方法を規定する規則である．また，公理と推論規則によって証明される式は**定理** (theorem) と呼ばれる．式 A が定理であることを $\vdash A$ と書く．PC では，いわゆる**完全性定理** (completeness theorem) により，トートロジーと定理の概念は一致する．すなわち，$\models A \Leftrightarrow \vdash A$ である．さて，いくつかの PC の Hilbert システムが知られているが，つぎに示すのは Hilbert and Bernays によるものである．

PC の Hilbert システム

公理

I 含意

(1) $A \to (B \to A)$

(2) $(A \to (A \to B)) \to (A \to B)$

(3) $(A \to B) \to ((B \to C) \to (A \to C))$

II 連言

(1) $(A \& B) \to A$

(2) $(A \& B) \to B$

(3) $(A \to B) \to ((A \to C) \to (A \to (B \& C)))$

III 選言

(1) $A \to (A \vee B)$

(2) $B \to (A \vee B)$

(3) $(A \to C) \to ((B \to C) \to ((A \vee B) \to C))$

IV　同　値

(1) $(A \leftrightarrow B) \to (A \to B)$

(2) $(A \leftrightarrow B) \to (B \to A)$

(3) $(A \to B) \to ((B \to A) \to (A \leftrightarrow B))$

V　否　定

(1) $(A \to B) \to (\neg B \to \neg A)$

(2) $A \to \neg\neg A$

(3) $\neg\neg A \to A$

推論規則

$\vdash A$ and $\vdash A \to B \Rightarrow \vdash B$　(modus ponens)

証明 (proof) は，(modus ponens) と呼ばれる推論規則により行われる．上記の公理に適当な式を代入し，(modus ponens) を適用し，導かれた式が定理となるわけである．

例題 3.1

$\vdash (A \vee B) \to (B \vee A)$

PC において $(A \vee B) \to (B \vee A)$ は定理であるが，つぎのように証明される．まず，III (3) において，$C = B \vee A$ とすると

(1) $\vdash (A \to (B \vee A)) \to ((B \to (B \vee A))$
$ \to ((A \vee B) \to (B \vee A)))$

となる．III (2) において，$B = A, A = B$ とすると (2) が得られる．

$(2) \vdash A \to (B \vee A)$

(1) と (2) に (modus ponens) を適用すると

$(3) \vdash (B \to (B \vee A)) \to ((A \vee B) \to (B \vee A))$

となる。III (1) において，$A = B, B = A$ とすると

$(4) \vdash B \to (B \vee A)$

が得られる。再び，(3) と (4) に (modus ponens) を適用すると (5) となる。

$(5) \vdash (A \vee B) \to (B \vee A)$

ここで，(5) は証明すべき式である。よって $(A \vee B) \to (B \vee A)$ は，PCで証明可能である。

3.2 ブール代数

　前節で説明した命題論理を代数的に解釈したものが，ブール代数である。よってブール代数は，命題論理の代数的モデルとも考えられる。ブール代数は，**ブール束** (Boolean lattice) または **論理代数** (logic algebra) と呼ばれることもある。また，**集合論** (set theory) も後述するようにブール代数として形式化することができる。なお，ブール代数のブールとは，イギリスの19世紀の数学者G.Booleを表している。

　ブール代数は，**束論** (lattice theory) と呼ばれる代数として形式化することもできるが，難解であるのでここでは省略する。ブール代数では，命題論理の命題自体が変数で表現され，複数の命題を論理記号で結合したものは，式として表現される。一般に，ブール代数は，代数の一種であるので，命題論理の論理記号を**表 3.1** に示すように読み替えることができる。

3.2 ブール代数

表 3.1 命題論理のブール代数の記号対応

	命題論理	ブール代数
真	T	1
偽	F	0
否定	¬	‾
連言	&	·
選言	∨	+
同値	↔	=

よって，ブール代数の式は，以下のように書かれる．

$\overline{A}$　　　　(NOT)

$A \cdot B$　　　(AND)

$A + B$　　(OR)

$A = B$　　(EQUAL)

なお，$A \cdot B$ の · は省略されることもある．ブール代数では，後述するように，NAND や NOR のような命題論理では通常使わない記号も使われる．上記の記法を用いると，命題 A が真であることは

$A = 1$

となり，また，命題 B が偽であることは

$B = 0$

となる．また，命題 A と B の真理値が等しいのは

$A = B$

と，また，等しくないのは

$A \neq B$

と書くことができる．

　ブール代数も命題論理と同様に公理化することができる．つぎに示すのはブール代数の公理システムの一つである．

ブール代数の公理

(B1) $A + B = B + A$

(B2) $A \cdot B = B \cdot A$

(B3) $A + (B \cdot C) = (A + B) \cdot (A + C)$

(B4) $A \cdot (B + C) = (A \cdot B) + (A \cdot C)$

(B5) $A + 0 = A$

(B6) $A \cdot 1 = A$

(B7) $A + \overline{A} = 1$

(B8) $A \cdot \overline{A} = 0$

(B9) $0 \neq 1$

ブール代数の論理記号は，**真理値表** (truth-value table) や**ベン図** (Venn diagram) を用いて解釈することができる．真理値表は，式の構成要素の真理値からその式の真理値を計算する表であり，前述の PC のモデル理論を簡略化したものと考えられる．まず，各論理記号の真理値表は，**表 3.2** のとおりである．

表 3.2 各論理記号の真理値表

A	B	$A \cdot B$
1	1	1
1	0	0
0	1	0
0	0	0

A	B	$A + B$
1	1	1
1	0	1
0	1	1
0	0	0

A	$\overline{A}$
1	0
0	1

なお，→は，通常，ブール代数では使われない．さて，真理値表から例えば $A \cdot B$ が真となるのは，A と B の両方が真であるときということがわかる．真理値表を用いて式がトートロジーであるかを決定することができる．式の構成要素にいかなる真理値を与えても，その式が真になるとき，その式はトートロジーである．

例題 3.2

排中律 $A + \overline{A}$ はトートロジーである．$A + \overline{A}$ の真理値表を書くとつぎのようになる（**表 3.3**）．

表 3.3 $A + \overline{A}$ の真理値表

A	$\overline{A}$	$A + \overline{A}$
1	0	1
0	1	1

まず，A の真理値の可能性は 1 か 0 である．$A = 1$ のとき $\overline{A}$ の真理値表から $\overline{A} = 0$ となる．同様に，$A = 0$ のとき $\overline{A} = 1$ となる．つぎに $A + B$ の真理値表をみると，$A = 1, B = 0$ のとき $A + B = 1$，また $A = 0, B = 1$ のとき $A + B = 1$ となる．よって，$A + \overline{A}$ の真理値はつねに 1 である（実際，右端の $A + \overline{A}$ の真理値を表す列は，二つとも 1 となっている）．すなわち，$A + \overline{A}$ はトートロジーである．

例題 3.3

ド・モルガンの法則　　$\overline{A \cdot B} = \overline{A} + \overline{B}$

A	B	$A \cdot B$	$\overline{A \cdot B}$	$\overline{A}$	$\overline{B}$	$\overline{A} + \overline{B}$
1	1	1	0	0	0	0
1	0	0	1	0	1	1
0	1	0	1	1	0	1
0	0	0	1	1	1	1

ここで，$\overline{A \cdot B}$ と $\overline{A} + \overline{B}$ の真理値を表す列は，まったく等しくなっている．すなわち，$\overline{A \cdot B} = \overline{A} + \overline{B}$ である．

ブール代数は，いわゆるベン図によっても図的に解釈することができる（図 3.1）．集合もブール代数と考えられるので，ベン図は集合論の演算の表現にも用いられる．

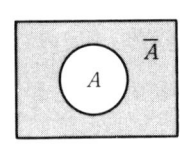

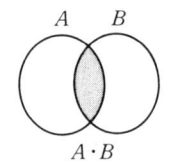

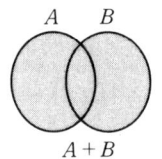

図 3.1 ベン図

さて，ここでブール代数の主要なトートロジー(定理)を列挙する．

・同一律

$$A \cdot A = A, \quad A + A = A$$

・交換律

$$A \cdot B = B \cdot A, \quad A + B = B + A$$

・結合律

$$A \cdot (B \cdot C) = (A \cdot B) \cdot C$$

$$A + (B + C) = (A + B) + C$$

・分配律

$$A \cdot (B + C) = (A \cdot B) + (A \cdot C)$$

$$A + (B \cdot C) = (A + B) \cdot (A + C)$$

・吸収律

$$A \cdot (A + B) = A$$

$$A + (A \cdot B) = A$$

・矛盾律

$A \cdot \overline{A} = 0$

・排中律

$A + \overline{A} = 1$

・2重否定律

$\overline{\overline{A}} = A$

・ド・モルガン律

$\overline{A \cdot B} = \overline{A} + \overline{B}$

$\overline{A + B} = \overline{A} \cdot \overline{B}$

これらの法則がブール代数 (命題論理) の基本定理であることは，真理値表またはベン図によって確認することができる．

さて，ブール代数では**論理関数** (logical function) の概念が用いられるが，これは PC の式を関数の形で表したものであり，二つ以上の命題変数と論理記号から構成される PC の式を表現することができる．論理関数では，命題変数に真理値を与えると，式全体の真理値が計算される．n 変数 ($n \geq 2$) の論理関数を与えることができるが，2変数の論理関数が基本となるので，これについて説明する．

2変数論理関数は，一般に $F(X_1, X_2)$ の形で定義される．ここで，F は関数記号，X_1, X_2 は変数を表す．変数 X_1 と X_2 は 1 か 0 のいずれかであるので，$2^4 = 16$ 通りの2変数論理関数が存在する．以下の**表 3.4** でそれらを列挙する．

表 3.4 2 変数論理関数

X_1	0	0	1	1
X_2	0	1	0	1
$F_0(X_1, X_2)$	0	0	0	0
$F_1(X_1, X_2)$	0	0	0	1
$F_2(X_1, X_2)$	0	0	1	0
$F_3(X_1, X_2)$	0	0	1	1
$F_4(X_1, X_2)$	0	1	0	0
$F_5(X_1, X_2)$	0	1	0	1
$F_6(X_1, X_2)$	0	1	1	0
$F_7(X_1, X_2)$	0	1	1	1
$F_8(X_1, X_2)$	1	0	0	0
$F_9(X_1, X_2)$	1	0	0	1
$F_{10}(X_1, X_2)$	1	0	1	0
$F_{11}(X_1, X_2)$	1	0	1	1
$F_{12}(X_1, X_2)$	1	1	0	0
$F_{13}(X_1, X_2)$	1	1	0	1
$F_{14}(X_1, X_2)$	1	1	1	0
$F_{15}(X_1, X_2)$	1	1	1	1

これらの論理関数に対応する論理式は，つぎのとおりである．

$F_0(X_1, X_2) = 0$

$F_1(X_1, X_2) = X_1 \cdot X_2$

$F_2(X_1, X_2) = X_1 \cdot \overline{X_2}$

$F_3(X_1, X_2) = X_1$

$F_4(X_1, X_2) = \overline{X_1} \cdot X_2$

$F_5(X_1, X_2) = X_2$

$F_6(X_1, X_2) = \overline{X_1} \cdot X_2 + X_1 \cdot \overline{X_2}$

$F_7(X_1, X_2) = X_1 + X_2$

$F_8(X_1, X_2) = \overline{X_1} \cdot \overline{X_2} = \overline{X_1 + X_2}$

$F_9(X_1, X_2) = \overline{X_1} \cdot \overline{X_2} + X_1 \cdot X_2$

$F_{10}(X_1, X_2) = \overline{X_2}$

$F_{11}(X_1, X_2) = X_1 + \overline{X_2}$

$F_{12}(X_1, X_2) = \overline{X_1}$

$F_{13}(X_1, X_2) = \overline{X_1} + X_2$

$F_{14}(X_1, X_2) = \overline{X_1} + \overline{X_2} = \overline{X_1 \cdot X_2}$

$F_{15}(X_1, X_2) = 1$

ここで, F_1 は論理積 (AND, 連言), F_7 は論理和 (OR, 選言) を表している. また, F_6 は**排他的論理和** (exclusive OR, XOR) と呼ばれ, $X_1 \oplus X_2$ と書かれる. 排他的論理和 $X_1 \oplus X_2$ は, X_1 と X_2 の値が異なるときだけ 1 となる. F_8 は**否定論理和** (NOR) または Peirce の矢印と呼ばれ, $X_1 \downarrow X_2$ と書かれることもある. F_{14} は**否定論理積** (NAND) または Sheffer のストロークと呼ばれ, $X_1 | X_2$ と書かれることもある.

2 変数論理関数は, NOT, OR の組合せまたは NOT, AND の組合せで表現することができる. さらに, NAND は NOT と AND の機能をもっているので, すべての 2 変数論理関数を表現することができる. 同様なことが NOR についてもいえる. NAND と NOR は, つぎに説明する論理回路においても, しばしば用いられる.

3.3 論 理 回 路

コンピュータのハードウェアは, 論理回路が基礎となっている. この論理回路は, 前節のブール代数で記述される. 最も基本的な論理回路は, **基本論理回路** (basic logical circuit) と呼ばれる. 基本論理回路を構成する論理ゲートを表現する記号は, **MIL** (military) 規格で決まっている (図 **3.2**).

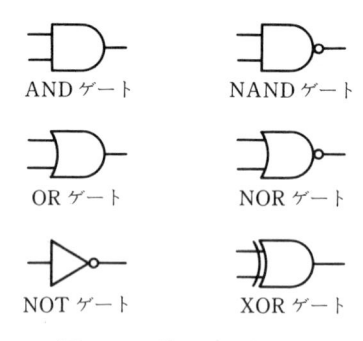

図 3.2 論理ゲート記号

（AND ゲート、NAND ゲート、OR ゲート、NOR ゲート、NOT ゲート、XOR ゲート）

これらのゲートは 2 変数の論理関数であるが，真理関係をもう一度確認すると**表 3.5** になる。

表 3.5 論理ゲートの真理値表

X_1	X_2	AND	OR	NAND	NOR	XOR
0	0	0	0	1	1	0
0	1	0	1	1	0	1
1	0	0	1	1	0	1
1	1	1	1	0	0	0

基本論理回路を組み合わせることによって，組合せ回路や順序回路と呼ばれるより複雑な回路を構成することができる。

論理関数を用いる場合，**標準形** (normal form) と呼ばれる特別な形を考えることが多い。n 変数論理関数の変数 (X_i または $\overline{X_i}$) の論理積の論理和は **加法標準形** (disjunctive normal form) と呼ばれる。また，変数の論理和の論理積は **乗法標準形** (conjunctive normal form) と呼ばれる。加法標準形と乗法標準形の中で，$X_1, \cdots, X_n$ がすべて X_i または $\overline{X_i}$ の形でちょうど 1 回現れるものは，それぞれ **主加法標準形** (principal disjunctive normal form)，**主乗法標準形** (principal conjunctive normal form) と呼ばれる。論理関数は，主加法標準形または主乗法標準形で表現することができる。

$$f(X,Y) = \overline{X}\cdot\overline{Y}\cdot f(0,0) + \overline{X}\cdot Y\cdot f(0,1) + X\cdot\overline{Y}\cdot f(1,0)$$
$$+X\cdot Y\cdot f(1,1)$$

同様に主乗法標準形にも変換することができる。

$$f(X,Y) = (X+Y+f(0,0))\cdot(X+\overline{Y}+f(0,1))$$
$$\cdot(\overline{X}+Y+f(1,0))\cdot(\overline{X}+\overline{Y}+f(1,1))$$

例えば，$f(X,Y) = X+Y$ とすると，主加法標準形と主乗法標準形はつぎのように求めることができる。

$$f(X,Y) = \overline{X}\cdot\overline{Y}\cdot 0 + \overline{X}\cdot Y\cdot 1 + X\cdot\overline{Y}\cdot 1 + X\cdot Y\cdot 1$$
$$= (X+Y+0)\cdot(X+\overline{Y}+1)\cdot(\overline{X}+Y+1)\cdot(\overline{X}+\overline{Y}+1)$$

一般に，n 変数論理関数 $f(X_1, X_2, \cdots, X_n)$ の主加法標準形は

$$f(X_1, X_2, \cdots, X_n) = (f(0,0,\cdots,0)\cdot\overline{X_1}\cdot\overline{X_2}\cdot\ldots\cdot\overline{X_n})$$
$$+(f(1,0,\cdots,0)\cdot X_1\cdot\overline{X_2}\cdot\ldots\cdot\overline{X_n})$$
$$+(f(0,1,\cdots,0)\cdot\overline{X_1}\cdot X_2\cdot\ldots\cdot\overline{X_n})$$
$$+\cdots+(f(1,1,\cdots,1)\cdot X_1\cdot X_2\cdot\ldots\cdot X_n)$$

また，$f(X_1, X_2, \cdots, X_n)$ の主乗法標準形は

$$f(X_1, X_2, \cdots, X_n) = (f(0,0,\cdots,0)+\overline{X_1}+\overline{X_2}+\cdots+\overline{X_n})$$
$$\cdot(f(1,0,\cdots,0)+X_1+\overline{X_2}+\cdots+\overline{X_n})$$
$$\cdot(f(0,1,\cdots,0)+\overline{X_1}+X_2+\cdots+\overline{X_n})$$
$$\cdot\ldots\cdot(f(1,1,\cdots,1)+X_1+X_2+\cdots+X_n)$$

となる。

コンピュータの論理回路は，上記の基本論理回路を組み合わせることによって設計される。そのためには，論理関数の簡略化の必要がある。論理関数の簡略化にはいくつかの方法が知られているが，ここではその中で最も有名である**カルノー図** (Karnaugh map) について解説する。カルノー図は，真理値表の変

形とも考えられるが，図によって簡単に論理関数の簡略化を行うことができる。カルノー図は変数の可能な値をマスで表し，マスの中で隣接するもの同士を簡略化する。最初に，2変数のカルノー図 (図 3.3) について説明する。

X_1 \ X_2	0	1
0	$\overline{X_1} \cdot \overline{X_2}$	$\overline{X_1} \cdot X_2$
1	$X_1 \cdot \overline{X_2}$	$X_1 \cdot X_2$

図 3.3 2 変数のカルノー図

2 変数 X_1 と X_2 の論理関数では，それらのとる値 (0 または 1) の可能性は $2^2 = 4$ 通りの組合せがある。よって，表を四つのマスに区切る。ここで，それぞれのマスは $\overline{X_1} \cdot \overline{X_2}$, $\overline{X_1} \cdot X_2$, $X_1 \cdot \overline{X_2}$, $X_1 \cdot X_2$ に対応する。カルノー図では，まず該当する論理関数の各論理積に対応するマスに 1 を書く。つぎに図中において隣接するマスを簡略化するが，2 変数のカルノー図の場合，**図 3.4** に示す二つの簡略化が存在する。

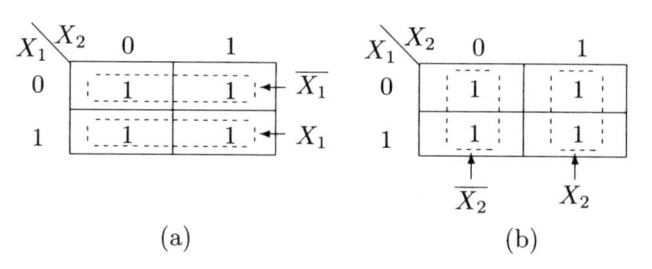

図 3.4 2 変数のカルノー図の簡略化

図 3.4 (a) のカルノー図では，$\overline{X_1} \cdot \overline{X_2}$ と $\overline{X_1} \cdot X_2$, $X_1 \cdot \overline{X_2}$ と $X_1 \cdot X_2$ が隣接しているが，簡略化すると，それぞれ $\overline{X_1}$ と X_1 になる。図 3.4 (b) のカルノー図では，$\overline{X_1} \cdot \overline{X_2}$ と $X_1 \cdot \overline{X_2}$, $\overline{X_1} \cdot X_2$ と $X_1 \cdot X_2$ が隣接しているので，簡略化すると，それぞれ $\overline{X_2}$ と X_2 になる。

例題 3.4

$f(X_1, X_2) = X_1 \cdot \overline{X_2} + \overline{X_1} \cdot X_2 + X_1 \cdot X_2$ をカルノー図によって簡略化する。$f(X_1, X_2)$ のカルノー図は，図 **3.5** のようになる。

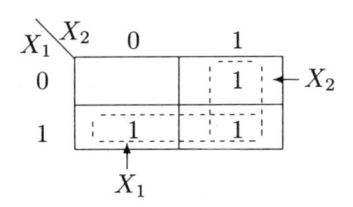

図 3.5 $f(X_1, X_2)$ のカルノー図

よって，図から

$f(X_1, X_2) = X_1 + X_2$

となることがわかる。

3.4 組合せ回路と順序回路

前節で論理回路に関する基本概念を解説したが，本節ではコンピュータに深く関連している**組合せ回路** (combinational circuit) と**順序回路** (sequential circuit) について説明する。組合せ回路は，入力によって出力が決まる回路であり，演算などの回路に応用されている。それに対して順序回路は，過去の入力状態に依存し出力が決まる回路であり，記憶素子が必要となる。組合せ回路も順序回路も基本論理回路の組合せであるが，後者のほうがより複雑な回路となっている。

まず，最も単純な組合せ回路として補数回路について説明する。いま，入力を 4 bit の 2 進数 $B_3 B_2 B_1 B_0$，出力として対応する 1 の補数を $C_3 C_2 C_1 C_0$，2 の補数を $T_3 T_2 T_1 T_0$ とする。1 の補数は各 bit を反転すればよいので

$C_i = \overline{B_i}$

となる。2 の補数は 1 の補数に 1 を加えたものであるので

$T_0 = B_0$

$T_1 = B_0 \cdot \overline{B_1} + \overline{B_0} \cdot B_1 = B_0 \oplus B_1$

$T_2 = B_0 \cdot \overline{B_2} + B_1 \cdot \overline{B_2} + \overline{B_0} \cdot \overline{B_1} \cdot B_2 = (B_0 + B_1) \oplus B_2$

$T_3 = B_0 \cdot \overline{B_3} + B_1 \cdot \overline{B_3} + B_2 \cdot \overline{B_3} + \overline{B_0} \cdot \overline{B_1} \cdot \overline{B_2} \cdot B_3$

$ = (B_0 + B_1 + B_2) \oplus B_3$

で表現することができる．これらを論理ゲート記号を用いて書くと，補数回路は 図 3.6 のようになる．

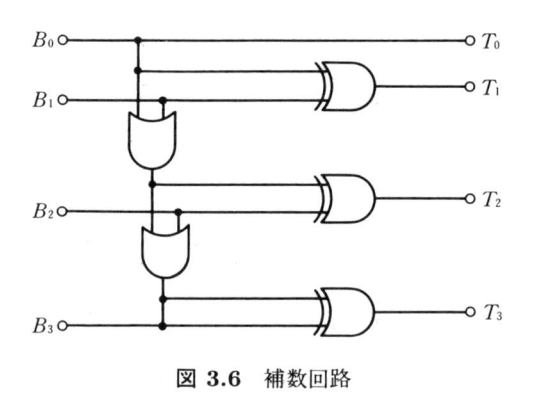

図 3.6 補数回路

つぎに加算回路について説明する．加算は，基本的な演算である．減算は，加算と補数によって実現可能である．加算回路には，加算時の繰り上げの考慮の仕方により**半加算器** (half adder, HA) と**全加算器** (full adder, FA) に区別される．半加算器の入力は A, B, また，出力は加算結果 S と繰り上げ情報 C となる．いま，1 桁の加算 $S = A + B$ を考えると

$S = \overline{A} \cdot B + A \cdot \overline{B} = A \oplus B$

$C = A \cdot B$

となる．実際，真理値表を書くと**表 3.6** のようになる．

表 3.6 半加算器の真理値表

A	B	S	C
0	0	0	0
0	1	1	0
1	0	1	0
1	1	0	1

以上から，半加算器の回路図を書くと図 3.7 のようになる。

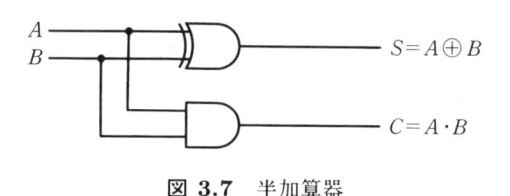

図 3.7 半加算器

さて，複数桁の加算を行う場合，半加算器では不十分である．なぜならば，下の桁からの繰り上げを考慮しなくてはならないからである．i 番目の桁の加算 S_i は，下からの繰り上げを C_{i-1} とすれば，$A_i + B_i + C_i$ で表される．すなわち

$$S_i = \overline{A_i} \cdot B_i \cdot \overline{C_i} + \overline{A_i} \cdot \overline{B_i} \cdot \overline{C_{i-1}} + \overline{A_i} \cdot \overline{B_i} \cdot C_{i-1} + A_i \cdot B_i \cdot C_{i-1}$$

$$= A_i \oplus B_i \oplus C_{i-1}$$

$$C_i = A_i \cdot B_i \cdot \overline{C_{i-1}} + \overline{A_i} \cdot B_i \cdot C_{i-1} + A_i \cdot \overline{B_i} \cdot C_{i-1} + A_i \cdot B_i \cdot C_{i-1}$$

$$= A_i \cdot B_i + (A_i \oplus B_i) \cdot C_{i-1}$$

となり，真理値表は表 3.7 のようになる．

表 3.7 全加算器の真理値表

C_{i-1}	A_i	B_i	S_i	C_i
0	0	0	0	0
0	0	1	1	0
0	1	0	1	0
0	1	1	0	1
1	0	0	1	0
1	0	1	0	1
1	1	0	0	1
1	1	1	1	1

また，以上の真理値条件を回路図で書くと図 **3.8** のようになる．明らかにこの回路は，2 個の半加算器で構成されるもので，全加算器と呼ばれる．

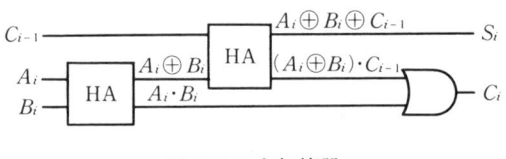

図 3.8 全加算器

組合せ回路は，出力はある時点の入力によって決定される回路であった．しかし，記憶素子を設計するためには，入力の系列で出力が決定される順序回路が必要となる．ここでは，代表的な順序回路である**フリップフロップ** (flip - flop) について説明する．フリップフロップは，外部入力状態が変化しない限り，0 か 1 の安定した出力状態を保持することができる論理回路である．したがって，1 bit の情報を記憶することができる．フリップフロップの中の一つである **R - S フリップフロップ** (resetset flip - flop) は，図 **3.9** (a) が示すように 2 個の NAND 回路から構成される．は，図 3.9 (b) はフリップフロップの入出力関係を表すブロック図である．

3.4 組合せ回路と順序回路

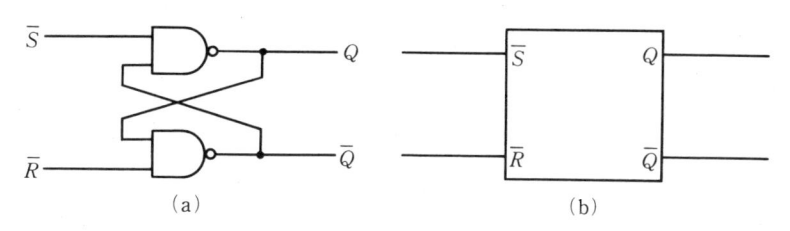

図 3.9 R-S フリップフロップ

フリップフロップでは，時刻 t_n の入力で決定される出力値を回路動作の時間的遅れを考慮した時刻 t_{n+1} まで記憶することができる。これをまとめたのが**表 3.8** の特性表である。

表 3.8 特 性 表

t_n				t_{n+1}	
$\overline{S}$	$\overline{R}$	S	R	Q	$\overline{Q}$
0	0	1	1	X	X
0	1	1	0	1	0
1	0	0	1	0	1
1	1	0	0	Q_n	$\overline{Q}_n$

表 3.8 において，X は $Q = \overline{Q} = 1$ の組合せで禁止されることを表している。R-S フリップフロップの内部状態としては，$(Q, \overline{Q}) = (0, 1), (1, 0), (1, 1)$ の三つの可能性があるが，記憶素子として用いるためには，$(1, 1)$ の組合せは不要となる。よって，R-S フリップフロップでは二つの状態を記憶することができる。ほかのフリップフロップとしては，D 型フリップフロップや J-K フリップフロップなどが知られている。また，ほかの順序回路には，**レジスタ** (register) と**カウンタ** (counter) がある。

4 ハードウェア

4.1 ノイマン型コンピュータの仕組み

1章でハードウェアの基本構成について簡単に述べたが，本章では，ハードウェアについてもう少しくわしくみることにする．まず，ハードウェアは von Neumann の提案した理論，すなわちプログラム内蔵方式に基づいている．したがって，現在のコンピュータはノイマン型と呼ばれている．その基本構成は図 1.1 で示したとおりである．また，ノイマン型コンピュータには，つぎのような特徴がある．

(1) プログラムと必要なデータは，あらかじめコンピュータ内部に格納される．

(2) プログラムの命令により，計算は順次実行される．

ここで，プログラムとは，ある処理を行うための機械語命令の集合であり，データとは，処理の対象となるものである．この二つの特徴を考えると，(1) は，プログラム内蔵方式そのものについて言及していることになる．また (2) は，コンピュータは必要なときに必要なデータを用いて計算を順次行うことを意味している．したがって，コンピュータの計算機構を簡単に表せば，**図 4.1** のようになる．

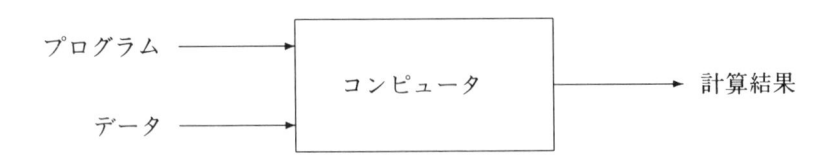

図 4.1 計算機構の概要図

さて，コンピュータを動作させるためには，プログラムをコンピュータ内部に内蔵させる必要がある．このプログラムは，ユーザが望む計算を行うための手順を示したものであり，**プログラミング言語** (programming language) によって書かれる．コンピュータは，2進数の組合せである機械語しか理解できないが，人間が機械語を扱うのは容易ではない．よって，多くのプログラミング言語が開発された．なお，プログラミング言語については6章で説明する．

プログラムとデータは，主記憶装置に格納される．実際に実行すべきときにこれらは取り出され，計算が行われる．しかしそのためには，プログラム中の各命令とデータが主記憶装置のどこに格納されているかがはっきりしていないといけない．コンピュータでは，命令やデータの場所を表す際，**アドレス** (address) という概念を使う．これは記憶中の位置を表す数であり，アドレスを指定することによって，記憶装置への読み書きが行われる．実際の計算はCPUで行われる．CPUは，記憶装置から取り出された機械語命令を解読し実行する．この流れは，プログラムが終了するまで続けられる．なお，それぞれの命令に対応した処理が，CPU内の演算装置によって行われる．以上が，ノイマン型のコンピュータの計算機構である．

4.2　CPU

1章で述べたように，CPUはコンピュータの中枢となる部分であり，制御装置と演算装置から構成されている．制御装置は，ほかの装置を制御するもので，これによりコンピュータは正しく動作する．また制御装置は，演算装置で実行される機械語命令の解読 (デコード)，**割込み** (interruption) の制御を行う．一方，演算装置は，数値演算などの演算を実際に行う装置である．

まず，制御装置について説明する．制御装置は，各装置に信号を送ることによりコンピュータ全体を制御する．制御すべき対象や動作は，オペレーティングシステムやユーザのプログラムによって決まる．制御装置の機能は，オペレーティングシステムと深く関連するので，5章で説明する．制御装置の最も重要

な働きは，機械語命令の解読である。ここで処理される命令は，コンピュータが理解可能である機械語の命令であり，一般ユーザが与えるプログラムの命令とは違うものである。CPUにおける命令の処理は，以下のようなフェーズからなる。

(1) 命令フェッチ
(2) 命令解読
(3) 命令実行

コンピュータ内では，命令群からなるプログラムは，主記憶装置にある。つぎに実行すべき命令が格納されているアドレスは，**プログラムカウンタ** (program counter) によって指定されている。命令フェッチでは，プログラムカウンタを参照し，つぎに実行すべき命令が主記憶装置から読み出される。取り出された命令は，**命令レジスタ** (instruction register) に転送される。つぎの命令解読では，命令が**デコーダ** (decoder) により解読される。機械語命令は，命令の種類を表す**命令コード** (operation code) と実行時に必要となるデータのアドレスを示す**オペランド** (operand) から構成されている。よって，命令解読とは，命令フェッチで取り出された命令の種類を命令コードから判別する操作である。解読された命令が制御命令であれば，その処理を実行する。それ以外の命令であれば，その処理は演算装置で実行される。一つの命令の処理は(1)〜(3)のフェーズからなるが，実行されるとつぎの命令を実行しなければならない。そのためにプログラムカウンタが更新され，同様の処理が行われる。制御装置のもう一つの機能は，CPUの処理を一時的に停止させる割込み機能である。

演算装置は，実際の演算を行う装置である。機械語の演算は，分岐命令，固定小数点演算命令，浮動小数点演算命令，論理演算命令などによって行われる。ここで，四則演算などの基本演算は，高速実行を可能にするために回路化されていることが多い。演算で用いられるデータも主記憶装置から演算装置に読み込まれるが，その際の読込み先は**レジスタ** (register) である。レジスタとは，高速動作可能な主記憶装置のことである。特に演算専用のレジスタは，**アキュムレータ** (accumlater) と呼ばれる。

以上，CPU の概要を説明したが，CPU には一定時間ごとにパルスを発生するパルス発生装置があり，これによって CPU 内の基本的処理が同期的に行われる。このときのパルス間の時間は，**クロックタイム**と呼ばれる。また，クロック信号の周波数は，CPU の性能の評価にも用いられている。一般に同じ型の CPU では，この周波数が大きいほど高性能となる。

4.3 記憶装置

コンピュータは，計算を行うだけでなく，データやプログラムを保存する機能をもっている。記憶装置は，情報を保存する装置である。記憶(メモリ)は，できるだけ大容量で，かつ高速に読み書き(アクセス)できることが望まれる。しかし，この二つの条件を同時に満足することは不可能である。よって，現在のコンピュータでは，CPU との直接的なアクセスには，容量は小さいがアクセスが速い**主記憶装置**が用いられ，主記憶装置には入らない情報は，大容量で低速な**補助記憶装置**に格納される。最近では，さらに高速性を重視するために CPU 内に**キャッシュメモリ** (cache memory) を配置することもある。このように記憶装置は，図 4.2 のように階層化された装置として用いられている。

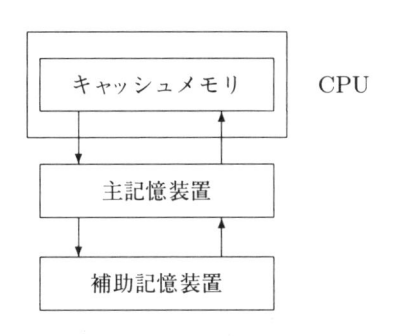

図 4.2 記憶装置の階層

入力されたプログラムやデータは，最初補助記憶装置内に格納されるが，実行されるときには主記憶装置内に取り出される。すなわち，高速に実行できるからである。さらにメモリへのアクセスを高速にするために，小容量の高速記

憶を CPU 内に焼き付けたのが，キャッシュメモリである．この記憶装置の階層構造は非常に複雑であり，半導体メモリの容量には限界がある．これらの難点をソフトウェアで克服したのが，オペレーティングシステムにおける**仮想記憶** (virtual storage) である．これについては 5 章で説明する．

　主記憶装置としては，半導体技術を使った**記憶素子**が現在用いられている．当初は，フェライトの磁気コアが主記憶装置の主流であった．記憶素子には，**ROM** (read only memory) と **RAM** (random access memory) の 2 種類がある．ROM は読出し専用の記憶装置であり，一般に書込みはできない．それに対して，RAM は読出しと書込みの両方が可能な記憶装置である．なお，ROM には**マスク ROM** (masked ROM)，**PROM** (programmable ROM)，**EPROM** (erasable programmable ROM) がある．マスク ROM は，ROM の内容が製造時に決まっている ROM である．PROM は，特殊な装置による書込みが可能であるが，書換え回数などに制限がある．内容を何度も書き換えられるのが EPROM である．

　RAM は，読出しと書込みができるが，電源を切るとデータが消える**揮発性** (volatile) の記憶素子である．RAM は，**ダイナミック RAM** (dynamic RAM) と**スタティック RAM** (static RAM) に分類される．ダイナミック RAM は，一定時間ごとに内容を**書き直し** (refresh) する．スタティック RAM は，フリップフロップ回路により情報を記憶するもので，書き直しの必要はない．補助記憶装置は，外部記憶装置とも呼ばれるが，今日では磁気ディスク装置が主流となっている．補助記憶装置にはつぎのような種類がある．

(1) 磁気ディスク装置　(magnetic disk unit)
(2) 磁気テープ装置　(magnetic tape unit)
(3) 大容量記憶装置　(mass storage system, MSS)
(4) フロッピーディスク装置　(floppy disk unit)
(5) 光ディスク装置　(optical disk unit)
(6) 光磁気ディスク装置　(magneto optical disk unit, MO)
(7) メモリスティック (memory stick)

(1)〜(3)は，おもに大型コンピュータで用いられていた。またパソコンでは，磁気ディスクのほかにフロッピーディスクと光磁気ディスクが用いられている。なお，光ディスク装置以外は，磁気的にデータを記憶する磁気記憶装置である。磁気記憶装置では，0と1の情報は磁気の方向で記録される。磁気テープではテープ状の磁気材料が，また磁気ディスクでは，円形の磁気材料が記録媒体となっている。大容量記憶装置は，特殊なテープを使った磁気テープ装置で，数百GBの記憶容量をもっている。またフロッピーディスクは，小型の磁気ディスク装置であり，8インチ，5インチ，3.5インチの種類がある。

　光ディスクは，レーザ光を利用した画像データなどの大容量記憶装置であり，**CD**（compact disk）と **DVD**（digital versatile disk）に分類される。CDはアルミニウム状の円盤であり，データはディジタル信号で保存され，レーザ光を照射することにより元の情報を再生する。CDは，元来音楽用に開発されたが，それをコンピュータ用に改良したものは **CD-ROM** といわれる。CD-ROMは，読出し専用のディスクである。読出しと書込みの両方が可能なCDは，**CD-R/W** といわれる。

　DVDは，CDと同様の形状のディスクであり，読出し専用の **DVD-ROM** と読出しおよび書込みが可能な **DVD-RAM** がある。なお，DVDはCDの約7倍の記憶容量をもっている。また，次世代のDVD規格としては，**Blu-ray Disc**（ブルーレイディスク）と **HD DVD**（high-definition digital versatile disc）が現在検討されてきたが，Blu-ray Discが主流になる模様である。また光磁気ディスクは，レーザ光線と磁気を利用した書込み可能なディスクである。メモリスティックは，携帯用の記憶装置であり，ディジタルカメラや携帯電話などのデータのコンピュータへの取込みなどに利用される。

4.4 入 出 力 装 置

　入出力装置は，人間とコンピュータ間のデータ（プログラム）の入出力を行う装置である。ここで，入出力装置，主記憶装置，CPU間のデータ制御は，入出力チャンネルによって行われる。コンピュータシステムにおいて，入出力装置

は人間とコンピュータ間の共有部分であり，これは**インタフェース**（interface）とも呼ばれる．大型コンピュータ主流の時代は，入力装置と出力装置は別のものであったが，最近では入出力装置としてまとめられている．以下に主要な入出力装置について説明する．

ディスプレイ（display）は，パソコンを含むコンピュータの入出力であり，一般にはブラウン管のディスプレイである．これは，正式には**CRTディスプレイ**（cathode-ray-tube display）と呼ばれる．また，ラップトップコンピュータやノートパソコンのディスプレイには，**液晶ディスプレイ**（liquid crystal display）が用いられている．ディスプレイの表示は，**ドット**（dot）と呼ばれる点の集合により行われる．したがって，画面の細かさは，このドットの数によって決まり，この数は**解像度**と呼ばれる．また，昔のディスプレイはモノクロディスプレイであったが，最近ではカラーディスプレイも用いられている．ディスプレイは，入力にも出力にも用いられる．

コンピュータへのデータの入力は，一般的には**キーボード**（keyboard）で行われる．キーボードは，キーを鍵盤上に配置したものであり，キーを押すことにより数字や文字を入力することができる．パソコンなどでは，キーボードのほかに**マウス**（mouse）と呼ばれる小型の入力装置も使用される．マウスは，画面上のカーソル（矢印）と連動しており，カーソルを画面上で移動させ，適当な場所でクリック（ボタンを押すこと）により入力を行う．**イメージスキャナ**(image scanner）は，紙に書かれた文字や絵などを画像としてコンピュータに取り込む装置である．**紙テープ読取り装置**は，紙テープに書かれたデータを読み込む装置であり，また，**光学式マーク読取り装置**（optical mark reader, OMR）は，マークシートに書かれたデータを光学的に読み込む装置である．これら二つの入力装置は，大型コンピュータでは用いられていたが，最近ではほとんどみない．そのほかの入力装置としては，**バーコード読取り装置**，**タッチパネル**，**ライトペン**などがある．

出力装置は，一般に**プリンタ**と呼ばれるが，印字の方法によりいくつかに分類される．**ドットインパクトプリンタ**は，金属ピンでインクリボンを紙にたたき

つけることによって印字を行うプリンタである。しかし印刷時の音や活字の品質に問題がある。**熱転写プリンタ**は，プラスチックリボン上の固体インクを熱で溶かして専用用紙に印字を行うプリンタである。しかしインクリボンが高価である。**インクジェットプリンタ**は，液体インクをノズルから紙にたたきつけることによって印字を行うプリンタである。インクジェットプリンタは高速印刷やカラー印刷も可能であり，パソコン用プリンタの主流となっている。**レーザプリンタ**は，レーザ光線によりコピー機などの印刷方法に基づき印字を行うプリンタである。レーザプリンタの印刷は高速かつきれいであるが，上述のプリンタに比べ高価である。また最近では，**ポストスクリプト**（postscript）などの印刷用ソフトウェアであるページ記述言語を用いて印刷を行うことも多くなってきた。多くのレーザプリンタでは，ポストスクリプト対応の印刷が可能である。

5 ソフトウェア

5.1 基本ソフトウェアとユーザソフトウェア

1章で述べたように，コンピュータシステムは，ハードウェアとソフトウェアから構成される。ハードウェアは，コンピュータの装置そのものであるが，ソフトウェアは，ハードウェアを有効に機能させるためのプログラムなどの知的創作物である。一般に，ソフトウェアはプログラムを指すが，さらに仕様書やマニュアルなどの文書を含めてソフトウェアと呼ぶこともある。さて，ソフトウェアはつぎの二つに分類することができる。

$$\text{ソフトウェア} \begin{cases} \text{基本ソフトウェア（オペレーティングシステム，OS）} \\ \text{ユーザソフトウェア} \end{cases}$$

基本ソフトウェアは，コンピュータを作動させるための基本的なソフトウェアであり，**オペレーティングシステム** (operating system, OS) とも呼ばれる。したがって，基本ソフトウェアなしにはコンピュータは動かない。それに対して，ユーザソフトウェアは，各ユーザが利用するソフトウェアであり，さまざまな種類がある。

では，ここで，ソフトウェアの重要性について考えてみよう。まず第一に，ハードウェアはソフトウェアによって機能するものであるが，ハードウェアを有効的に機能させるためには，質の高いソフトウェアが必要となる。第二に，ソフトウェアはハードウェアと違い，人間の思考上で構築するものである。よって，ハードウェアと比べて修正や変更を容易に行うことができる。第三に，ソフトウェアにより複雑なアルゴリズムを実現することができる。4章で説明したように，ハードウェアはブール代数を半導体的に実現したものであるので，計算上限界がある。しかし，ソフトウェアでは，目的によってプログラミング言語

を用い，ハードウェア的に実現できない複雑なアルゴリズムを表現することができる．第四に，ソフトウェア開発にはさまざまな手法がある．よって，目的に応じて適切な開発手法により，ソフトウェアを開発することができる．しかし，ハードウェア開発では，コスト上の問題からその開発手法はある程度限定される．以上の点を考慮すると，ソフトウェアの重要性が近年ますます高まっていることが理解できるであろう．

基本ソフトウェアについては，次節からくわしく解説するので，つぎにユーザソフトウェアについてみることにする．ユーザソフトウェアは，ユーザの目的に応じて分類される．すなわち，コンピュータの応用分野に対応してユーザソフトウェアがある．おもな分野を挙げるとつぎのようになる．

- 事務処理　　（ワープロ，表計算，グラフィックス）
- 科学技術　　（数値解析，構造解析，有限要素法，シミュレーション）
- 業務システム　　（生産管理，在庫管理，人事管理，意思決定支援）
- 製造　　（CAD，CAM，ロボット制御）
- 医療　　（病院業務管理，カルテ管理，心電図解析）
- 教育　　（CAI，CAL，授業管理，成績管理）
- 人工知能　　（知識ベース，エキスパートシステム，機械翻訳）
- 環境　　（防犯管理，防災管理，故障診断）
- データベース　　（データベース管理システム）
- ネットワーク　　（通信管理システム）
- ソフトウェア開発支援　　（CASE）

これらの分野のそれぞれに，多くのユーザソフトウェアがある．さらに，業務固有のアプリケーションのためのユーザソフトウェアもあり，つぎのようなものがある．

- 販売管理システム
- 銀行オンラインシステム
- 座席予約システム
- 交通管制システム

- 病院情報システム
- 気象情報処理システム

5.2 オペレーティングシステムの目的と歴史

前節で述べたように，ソフトウェアは，基本ソフトウェアとユーザソフトウェアに分類される。基本ソフトウェアは，コンピュータシステムにおいて，最も重要なソフトウェアであり，オペレーティングシステム (OS) と呼ばれることが多い。OS は，ユーザがコンピュータを簡単かつ効率的に操作するためのサービスを提供するプログラム群である。OS は，あらかじめハードウェアに応じて用意されたソフトウェアであり，ユーザが OS を操作することによって，ハードウェアははじめて機能する。OS はハードウェアにより異なることが多く，また，同じハードウェアでも OS が変わると別の機能をもつことになる。さらに，ユーザソフトウェアの動作は OS によって可能となる。その意味で，OS は非常に基本的なソフトウェアということがわかる。

では，OS の目的について，さらにくわしく解説することにしよう。第一に，ユーザインタフェースの向上がある。すなわち，ユーザがコンピュータを使いやすくすることである。このことにより，コンピュータの操作性は高くなり，ユーザの仕事はより生産的になる。例えば，ディスプレイ，マウス，マルチウィンドウの導入は，ユーザインタフェースを大きく向上した。第二は，処理能力の向上である。コンピュータの処理能力は，**スループット** (throughput) と呼ばれる単位時間当りの仕事 (ジョブ) 量で評価される。よって，OS は，このスループットを向上することにより，コンピュータの効率性と経済性を高めることができる。第三は，応答時間の短縮である。応答時間とは，ユーザがコンピュータに仕事を要求してから結果を得るまでの時間を指す。OS には，応答時間短縮の機能がある。第四は，信頼性と安全性の向上である。これは，**信頼性** (reliability)，**稼動性** (availability)，**保守性** (serviceability) の三点 (**RAS** とも呼ばれる) にまとめられる。信頼性とは，システムの故障が少ないことで

ある．稼動性は，システムが本来の機能を正しく実現していることである．保守性は，システムに故障が発見された場合，容易に修復が可能であることである．この RAS に故障後の再起動において故障前の処理と矛盾しないことをめざした**整合性** (integrity)，およびユーザの誤使用や外部からの侵害防止や機密保全をめざした**安全性** (security) を加えて，**RASIS** と呼ばれることもある．

つぎに，OS の発展の歴史について簡単に説明する．OS の発展は，コンピュータシステムそのものの発展と密接に関連している．現在の OS の概要を確立するまでにさまざまな試みがなされたが，基本的には，ユーザができるだけコンピュータを簡単に利用できるための技術開発と考えられる．初期のコンピュータは，人により直接操作されていた．すなわち，プログラムは紙テープにより主記憶装置に読み込まれ，ランプによりプログラムの実行開始と終了が監視されていた．ここでは，もちろん OS の概念はなかった．その後，入出力装置が開発され，一連の作業を行うユーザのプログラムを入出力装置から主記憶装置に格納するプログラムである**ローダ** (loader) が出現した．また，FORTRAN や COBOL などのプログラミング言語も開発された．したがって，OS に近い考え方がでてきたわけである．

最初の OS は，1956 年に IBM764 上の FORTRAN の自動処理のために開発されたモニタシステムである．モニタシステムは，人間の介入なしにプログラムのロード，実行を行うことができた．当時の CPU は非常に高価であったが，モニタシステムはコンピュータの使用効率を向上させた．

その後，いわゆる**ジョブ制御言語** (job control language, JCL) が開発され，複数のジョブの連続実行が可能となった．このような処理形態は，**バッチ処理** (batch processing) または**一括処理**と呼ばれる．バッチ処理は，ジョブの連続実行と多量データの一括処理のために考えられた技術である．また，遠隔端末から通信回線によるバッチ処理，すなわち**リモートバッチ処理** (remote batch processing) により，遠隔地からのホストコンピュータの利用が可能になった．

コンピュータの利用をより効率的にするため，**マルチプログラミング** (multi-programming) という方式も考えられた．CPU の速度は入出力装置の速度に

比べてかなり速い。そのため，プログラム実行時の入出力処理のために，CPUが待ち状態になる。この待ち時間に複数の実行可能プログラムを並行して実行させるのが，マルチプログラミングである。

当時，コンピュータの多量データの出力は，磁気テープを介して行われていた。**スプーリング** (spooling) は，直接アクセス記憶装置 (磁気ディスク) を仮想の入出力装置 (イメージ) として使用する方法である。これによって，複数ジョブをおのおのの独立したジョブとして，同時に並行実行 (および出力) させようとするものである。

一台のコンピュータを複数のユーザで利用するために考えられたのが，**タイムシェアリングシステム** (time sharing system, TSS) である。TSS は**時間分割処理方式**とも呼ばれるが，一台のコンピュータの計算時間を短時間に分割し，マルチプログラミングにより複数端末による同時利用を可能にしたものである。TSS は，コンピュータの使用効率を飛躍的に向上させた。

コンピュータの普及により，外部からの要求に対する**即時** (real time) のデータ処理の必要性が高まってきた。これを実現したのが，**リアルタイム処理** (real time processing) または**実時間処理**とも呼ばれるものである。リアルタイム処理は，軍事システムや座席予約システムなどに応用されている。

コンピュータで動作するプログラムの大きさは，主記憶装置の記憶容量に大きく依存する。必然的に，プログラマは，自分が作るプログラムが格納される記憶空間の大きさを意識することになる。この主記憶装置の容量の制約を克服したのが，**仮想記憶** (virtual storage) である。すなわち，仮想の記憶装置にプログラムやデータを格納し，必要なときに主記憶装置にロードして実行される。したがって，プログラマは，仮想的ではあるが，大容量の記憶領域を自由に使えることになる。

以上，OS の歴史で重要な技術のいくつかについて紹介した。

5.3 オペレーティングシステムの構成

では,現在の OS の基本的構成と機能について説明する。OS は,大きくつぎの二つのプログラム群(コンポーネント)から構成される。

```
OS ┬ 制御プログラム
   └ 処理プログラム
```

ここで,**制御プログラム**(control program)は,ハードウェアを効率的に管理するものである。一方,**処理プログラム**(process program)は,ソフトウェアを効率的に管理するものである。また,狭義の OS は,制御プログラムを指すことが多い。

制御プログラムは,以下のような機能をもつプログラムから構成される。それぞれのプログラムについては,後述する。

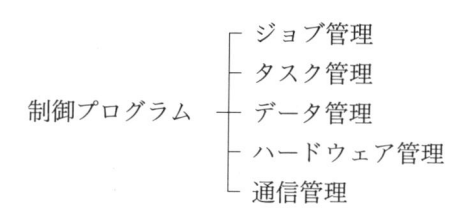

```
制御プログラム ┬ ジョブ管理
              ├ タスク管理
              ├ データ管理
              ├ ハードウェア管理
              └ 通信管理
```

処理プログラムは,つぎのようなプログラムから構成される。

```
処理プログラム ┬ 言語処理プログラム
              ├ ユーティリティプログラム
              ├ アプリケーションプログラム
              └ ユーザプログラム
```

言語処理プログラム(language processing program)は,6 章で説明する FORTRAN,COBOL,C などのプログラミング言語のコンパイラ,インタプリタなどのプログラムである。**ユーティリティプログラム**(utility program)は**サービスプログラム**(service program)とも呼ばれるが,エディタ,データ変換プログラム,デバッガなどユーザが汎用的に利用するプログラムである。**アプ**

リケーションプログラム（application program）は，前述のユーザソフトウェアに対応する固有業務をパッケージ化したプログラムである。**ユーザプログラム**（user program）は，ユーザ自身が作成したプログラムである。なお，アプリケーションプログラムとユーザプログラムは，OSの一部としない場合もある。

さて，制御プログラムの詳細について説明しよう。**ジョブ管理**（job management）は，コンピュータの**ジョブ**（job）を取り込み，実行するためのプログラムである。ジョブとは，ユーザがOSに与える仕事の単位であり，**ジョブ制御言語**やユーザのコマンドにより制御される。ジョブ管理は，まずユーザからのジョブを解析し，いくつかの**ジョブステップ**（job step）に分割する。つぎにジョブの実行順序を決定し，ジョブを効率的に実行し，実行後は資源の回収などの後始末を行う。

タスク管理（task management）は，ジョブステップをタスクとして扱い，実行するプログラムである。**タスク**（task）とは，コンピュータからみた仕事の単位である。タスクの状態には，実行可能状態，実行状態，待ち状態がある。タスク管理は，タスクの生成，タスクの実行・制御，タスクの消滅などを行う。タスクの三つの状態から一つを選んで実行状態にすることは，**スケジューリング**（scheduling）と呼ばれる。

データ管理（data management）は，入出力装置や補助記憶装置上に組織的に作成されたデータの集合である**ファイル**（file）の管理，データ保護，領域の管理を行うプログラムである。ファイルの入出力の際の処理の単位は**レコード**（record）と呼ばれ，レコードの構成は**ファイル編成**（file organization）によって決定される。ファイル編成には，順編成，直接編成，索引編成の3種類がある。

ハードウェア管理（hardware management）は，CPU，記憶装置，入出力装置全体の制御と割込み制御を行うプログラムである。**割込み**（interruption）とは，CPU外部からの制御機能であり，CPUで実行している処理を強制的に変えるものである。割込みには，**外部割込み**（external interruption）と**内部割込み**（internal interruption）がある。外部割込みは，入出力装置からの割込みで，電源異常や入出力装置からの終了指示などがある。内部割込みは，CPU内部で

発生する割込みで，オーバーフロー処理やスーパバイザコールなどがある。

通信管理（communication management）は，コンピュータと外部の通信装置の間のデータ通信を制御するプログラムである。通信管理では，端末制御，メッセージ処理，ネットワークの監視などを行う。

5.4 オペレーティングシステムの例

つぎに，OSの具体例についてみることにしよう。まず，OSの方式の観点からいくつかの例を説明する。データ処理方式としては，**バッチ（一括）処理**と**リアルタイム（実時間）処理**がある。バッチ処理は，ジョブを一括して処理する方式であり，ジョブをある程度まとめて処理するものである。バッチ処理により，CPU，主記憶装置，入力装置などを効率的に使用することができる。リアルタイム処理は，ジョブ発生後，即時実行するものである。また，これは対話処理であるので，人間が処理に介入することができる。したがって，リアルタイム処理は，座席予約，銀行，文献検索などで用いられている。

データ転送の方式としては，**オンライン処理**（on-line processing）と**オフライン処理**（off-line processing）がある。オンライン処理は，コンピュータと端末が通信回線によって結合しているものである。よってデータは，通信回線を介してCPUで直接処理される。それに対して，オフライン処理は，人手による端末からのデータ処理である。オフライン処理では，入出力処理とCPUでの処理が独立しているので，人間の作業が必要となる。前述のTSSは，マルチプログラミングを改良したものであるが，これにより**オンライン・リアルタイム処理**（on-line real time processing）も可能となった。

複数のコンピュータを接続し，処理を分散化するものは，**分散処理**（distributed processing）と呼ばれる。分散処理によって，装置の共有化や処理の高速化が可能となる。分散処理は，9章で述べるネットワークの進歩により，近年ますます注目されている。

さて，いままで説明してきた処理方式は，OSの外部的側面であったが，内部処理についてもいくつかの方式がある。通常のコンピュータでは，1個のCPU

が1個のプログラムを処理する。これは，**ユニプロセッサユニプログラミング**（uniprocessor-uniprogramming）と呼ばれる。**マルチプログラミング**（multi-programming）は，複数のプログラムを格納し，割込みなどによりプログラムを並行実行するものである。マルチプログラミングは，バッチ処理を効率化したものと考えられる。**マルチプロセッサ**（multi-processor）は，複数のCPUによるマルチプログラミングである。マルチプロセッサでは，CPUの数のプログラムを並行実行することが可能である。

OSの概要について説明してきたが，最後にOSの実例をいくつか挙げることにする。大型コンピュータのOSは，もちろんOSの基本となっているわけであるが，コンピュータの小型化（ダウンサイジング）によって，OSの形も変わってきた。その中で最も影響を与えたOSの一つは，**UNIX**である。UNIXは，アメリカのAT&T社のベル研究所で1969年に開発されたワークステーション用のOSである。UNIXの基本思想は，多くの人がワークステーションを用い，ソフトウエア開発をするための環境を提供することにある。したがって，UNIXでは，ネットワーク機能やマルチウインドウ機能により，複数の処理を同時に実行することができる。

UNIXの特徴としては，まず，コマンドが豊富にあることが挙げられる。また，Shellと呼ばれるマン・マシンインタフェースが提供されており，使いやすい。Shellによって，ユーザは自分に合った環境を設定することができる。さらにUNIXでは，**PDS**（public domain software）と呼ばれる誰でも無償で使える多くのソフトウェアが公開されている。UNIXは，もともとC言語によって記述されていたので，UNIXの普及とともにC言語もプログラミング言語の主流となった。なお，最近では，UNIX互換のフリーのOSである**Linux**や**FreeBSD**も開発され，パソコンにUNIXを搭載することも可能になった。

パソコン用のOSとしては，マイクロソフト社が1981年に開発した**MS-DOS**（Microsoft disc operating system）がある。MS-DOSは，IBM社のパソコン用のOSとして開発され，1980年代から1990年代初期までIBM社および日本製パソコンのOSの主流であった。なおIBM社パソコン用のMS-

DOSは，DOS/Vとも呼ばれている。MS-DOSは，シングルタスクユーザ用のOSとして考えられている。したがって，OS自体は非常に簡略化されているが，ネットワーク機能がなく，またRAMのサイズにも制限がある。

MS-DOSは，OS本体（MSDOS.SYS），デバイスドライバ（IO.SYS），入力システム（BIOS）から構成されている。デバイスドライバは，入出力制御を行うシステムである。さらにMS-DOSは，言語としてアセンブラをもち，ユーティリティプログラム（ラインエディタ，デバッガ，リンカなど）も組み込まれている。よって，MS-DOSはOSとして十分機能するものとなっている。

MS-DOSの主記憶サイズの制限，シングルタスク，通信機能の欠点を克服したOSが**MS-WINDOWS**である。MS-WINDOWSでは，マルチウインドウがサポートされており，また，豊富に画像を取り入れることによって，初心者にも使いやすくなっている。MS-WINDOWSは，基本的にはMS-DOSの拡張となっている。**MS-WINDOWS95**は，MS-WINDOWSの機能をさらに強化したOSであり，パソコンの急速な普及に貢献した。なお，2008年現在のバージョンは，**MS-WINDOWS-VISTA**である。また，**MS-WINDOWS-NT**は，ネットワーク機能に重点をおいたWINDOWS OSであり，その後**MS-WINDOWS 2000**にバージョンアップされた。

マルチタスクのOSとしては，IBM社とマイクロソフト社が1980年代後半に開発した**OS/2**がある。OS/2は，32 bitOSであり，マルチウインドウで複数のタスクを実行することができる。またOS/2は，IBM社の大型コンピュータやワークステーションとの接続性にも優れている。WINDOWSが初心者向けのOS，OS/2はビジネス向けのOSとも考えられる。

アップル社のマッキントッシュ（Macintosh）は，1980年代中期に発売されたパソコンであるが，マウスやマルチウインドウを用いることにより，初心者でも操作しやすいものとなっている。マッキントッシュ用のOSは，**Mac OS**と呼ばれている。Mac OSでは，マウス入力，わかりやすいファイル構成，グラフィック機能がサポートされている。その意味でMac OSは，WINDOWSなどのマルチメディア対応OSの先駆けとも考えられる。

6 プログラミング言語とソフトウェア開発

6.1 プログラミング言語の種類

コンピュータに情報処理をさせるためには，適当なプログラムを作り，実行させなくてはならない。プログラムを作ることは，**プログラミング** (programming) と呼ばれ，プログラミングのための言語は，**プログラミング言語** (programming language) または**コンピュータ言語** (computer language) と呼ばれる。プログラミング言語は，人間が人工的に作った**人工言語** (artificial language) であり，われわれが日常用いている日本語や英語などの**自然言語** (natural language) と対比される。コンピュータの誕生以来，多くのプログラミング言語が開発されている。

最初のプログラミング言語は，EDSAC で用いられた**機械語** (machine language) である。機械語は，数字の並びで記述される言語であり，人間が理解するのは非常に困難であった。さらに，コンピュータごとに機械語は異なっていた。その後，機械語をもう少し人間が理解しやすいような形にした**アセンブリ言語** (assembly language) が登場した。しかし，アセンブリ言語のプログラミングも機械語と同様容易でなかった。

1960 年代になると，さまざまなプログラミング言語が開発された。詳細は後で述べることにするが，ここで既存のプログラミング言語をいくつかの観点から分類することにする。もちろん，すべてのプログラミング言語を簡単に分類することは不可能であるが，プログラミング言語の理解の上では有用である。

第一の分類は，コンピュータアーキテクチャの抽象度のレベルによる分類である。この分類では，表 6.1 のように，プログラミング言語は**低レベル言語** (low - level language)，**高レベル言語** (high - level language)，**超高レベル言語**

(super high-level language) に分類される。レベルが高くなるほど人間の思考に近くなると考えてもよいだろう。よって，低レベル言語が簡単という意味ではない。

表 6.1 レベルによるプログラミング言語の分類

低レベル言語	機械語，アセンブリ言語
高レベル言語	FORTRAN, COBOL, ALGOL, PL/I, C, Ada, PASCAL, BASIC
超高レベル言語	LISP, PROLOG, Smalltalk, C++, Visual Basic, Java

つぎに，プログラミング言語を目的別に**表 6.2**のように分類する。歴史的にプログラミング言語は，ある目的のために新しく開発されている。したがって，コンピュータの発達にともないプログラミング言語も進化していった。

表 6.2 目的別のプログラミング言語の分類

科学技術計算用言語	ALGOL, FORTRAN, PL/I
事務計算用言語	COBOL, PL/I
システム記述用言語	機械語，アセンブリ言語, C, Ada
教育用言語	PASCAL, BASIC
人工知能用言語	LISP, PROLOG
オブジェクト指向用言語	Smalltalk, C++, Visual Basic, Java

1章で説明したように，科学技術計算はコンピュータの重要な分野である。よって，科学技術計算用言語は，科学や工学で要求される高速かつ正確な計算が可能な言語である。商用コンピュータの開発により，会社などで事務計算の自動化の必要性が高くなった。事務計算用言語は，この種の目的のために開発されたものである。システム記述用言語は，システム（特に OS）開発のための言語である。ここで C 言語は，一般に，さまざまな目的に用いられるので，汎

用言語とも呼ばれる。教育用言語は，プログラミング教育のための言語である。したがって，初心者にも理解しやすいようになっている。人工知能用言語は，人工知能 (AI) プログラムの開発のための言語である。オブジェクト指向用言語は，オブジェクト指向と呼ばれる新しいプログラミングの概念に基づく言語である。

6.2　プログラミング言語処理方式

　前節で紹介したように，多くのプログラミング言語が開発されてきたが，それにともないいくつかの言語処理方式も開発されてきた。コンピュータは，機械語しか理解することができないので，あるプログラミング言語のプログラムを機械語に変換する必要がある。この変換の手段が言語処理方式であり，そのためのプログラムは，**言語プロセッサ** (language processor) または**言語処理系** (language processing system) と呼ばれる。よって，言語プロセッサを用いることにより，プログラミング言語を機械語に変換し，実行することができるのである。

　さて，プログラミング言語で記述されたプログラムは，**原始プログラム**または**ソースプログラム** (source program) と呼ばれる。また，原始プログラムを言語プロセッサにより翻訳して生成された機械語のプログラムは，**目的プログラム**または**オブジェクトプログラム** (object program) と呼ばれる。したがって，言語プロセッサは，原始プログラムを目的プログラムに変換するためのプログラムと解釈される。言語プロセッサによっては，原始プログラムと目的プログラムの中間過程の言語である中間言語プログラムを生成することもある。この場合には，さらに機械語に変換する必要がある。

　言語プロセッサは，基本的には，**翻訳プログラム** (translator) と**インタプリタ** (interpreter) に区別される。翻訳プログラムは，原始プログラムを目的プログラムに変換する作業，すなわち**翻訳** (compile) を行うプログラムであり，**アセンブラ** (assembler) と**コンパイラ** (compiler) がある。アセンブラは，アセンブ

リ言語で記述されたプログラムを機械語に翻訳するプログラムである。それに対して，コンパイラは，高レベル言語で記述されたプログラムを機械語に翻訳するプログラムである。コンパイラで翻訳されるプログラミング言語は，**コンパイラ言語** (compiler language) と呼ばれることもある。コンパイラの機能は，補助記憶装置に格納されたファイル形式の原始プログラムをオブジェクトプログラムに変換し，新しいファイルとして補助記憶装置に格納することである。

コンパイラの処理は，一般に，**字句解析** (lexical analysis)，**構文解析** (syntax analysis)，**意味解析** (semantic analysis)，**コード生成** (code generation)，**最適化** (optimization) からなる。まず，字句解析では，原始プログラム内の文字列を記号ごとに分類する。つぎの構文解析では，プログラムの各命令が該当プログラミング言語の文法に合っているかどうかを解析する。意味解析では，プログラムが意味的に正しいかどうかをチェックする。以上のプロセスで，中間コードや解析木が生成されるが，コード生成により，目的プログラムのコードが生成される。このコードから不要な処理などを除去し，効率のよいコードに変換するのが最適化である。

インタプリタは，原始プログラムを直接解釈し，実行するプログラムである。内部的には，原始プログラムは中間言語プログラムに変換され，これを解釈することにより，原始プログラムの命令を一つずつ実行する。よって，インタプリタは，TSSや対話型言語での開発に適している。実際，LISPやBASICは，インタプリタにより実行される。インタプリタで実行される言語は，**インタプリタ言語** (interpreter language) と呼ばれる。一般に，インタプリタでの実行は，コンパイラに比べて遅いという欠点もある。

6.3 おもなプログラミング言語

本節では，主要なプログラミング言語の概要を示すことにする．

機械語 (machine language)

機械語は，2進数や16進数で記述される言語で，コンピュータが直接理解することができる．よって機械語は，ハードウェアに依存する．すなわち，異なるハードウェアには，異なる機械語が存在する．また，機械語によるプログラミングは，非常に困難である．

アセンブリ言語 (assembly language)

機械語でのプログラミングを少しでも容易にするために開発されたものが，アセンブリ言語である．アセンブリ言語は，**アセンブラ言語**と呼ばれることもある．アセンブリ言語のプログラムは，**アセンブラ**によって機械語に翻訳される．アセンブリ言語の命令は，機械語の命令に対応している．アセンブリ言語の命令では，命令コードが英数字で簡略化され，また，命令のアドレスもラベルにより修飾されている．したがって，機械語命令より若干理解しやすくなっている．しかし，ハードウェアに依存するので，機械語と同様にコンピュータごとに異なるアセンブリ言語が存在する．

FORTRAN (formula translator)

FORTRANは，1957年にアメリカのIBM社によって開発された科学技術計算用のコンパイラ言語である．数式を直接記述でき，かつ高速で高精度の計算が可能である．また，数学関数や豊富なライブラリを共通利用することができる．よって，1960年代以降，科学技術計算の分野で急速に普及した．FORTRANの言語仕様の標準化は，ANSIにより1966年のFORTRAN66以来行われているが，現在では，FORTRAN77が標準的に用いられている．最近では，FORTRAN90やFORTRAN95の規格も標準化されている．

6.3 おもなプログラミング言語

COBOL (common business - oriented language)

1959年にアメリカのCODASYL (the Conference on Data Systems Languages) と呼ばれる委員会で規格化され，1960年に開発された事務計算用言語である。現在，汎用コンピュータを中心に最も普及している言語である。COBOLの命令は，自然言語に近く，理解しやすい。また，複雑なファイル定義と効率的なファイル処理が可能なため，多量データを扱う事務処理にも適している。COBOLもFORTRANと同様，標準化が進められてきており，現在ではCOBOL 85が標準となっている。

ALGOL (algorithmic language)

1950年代後半，ヨーロッパでNaurらによって開発された科学技術用言語である。厳密な文法と高い記述力により，アルゴリズム記述に適している。1958年のALGOL 58から始まり，ALGOL 60，ALGOL 68と標準化されたが，現在では使われていない。ALGOLは，その後開発されたPL/IやPASCALなどに大きな影響を与えたとされる。

LISP (list processor)

1959年にアメリカのマサチューセッツ工科大学 (MIT) のMcCarthyによって開発された人工知能用言語である。人工知能や数式処理に適したリストと呼ばれるデータ構造を容易に表現することができる。LISPはインタプリタ言語であり，プログラミングは対話型の環境で行われる。LISPは人工知能プログラミングで多用されているが，現在では1984年に開発されたCommon LISPが標準となっている。

PL/I (programming language one)

1964年にIBM社によって開発された汎用言語であり，科学技術計算と事務計算の両方で用いられるように設計されている。よって，FORTRAN, COBOL, ALGOLの長所を仕様に採り入れている。PL/Iは，モジュール，ブロック構造などにより構造化プログラミングに向いており，また豊富なデータ型をもつ。

BASIC (beginner's all purpose symbolic instruction code)

1964年にアメリカのダートマス大学のKemenyらによって開発された，初心者向け対話型教育用言語である．BASICは，インタプリタ言語で会話的にプログラムを作ることができるので，初心者のプログラミングの学習に適している．パーソナルコンピュータ上の高レベル言語として広く普及している．WINDOWSの発売以来，BASICにオブジェクト指向の機能を追加し，ビジュアルプログラミングが可能である **Visual Basic** が注目されている．

PASCAL

1971年にスイスのチューリッヒ工科大学のWirthらによって開発された教育用言語であり，特に構造化プログラミングの学習に適している．なおPASCALという名前は，17世紀のフランスの哲学者B.Pascalの名前に由来している．PASCALの仕様は，厳密で簡略化されており，構造化プログラミングのための制御構造も用意されている．しかし，実用的なプログラミングには適していないとされる．

C言語

1972年にアメリカのベル研究所のRitchieが開発した言語であり，UNIXを記述するために設計されたシステム記述用言語である．その後，UNIXの普及により，C言語はシステム記述用言語としてでなく，科学技術計算，事務計算および一般のアプリケーションソフトウェアの開発用言語として用いられるようになった．よってC言語は，汎用言語とも呼ばれる．C言語の仕様は，比較的簡潔であり，命令はハードウェア命令に近い．また，関数を基本にしたプログラムを作ることができ，プログラムの移植性が高い．さらに，レコード的なデータ構造表現のために構造体や共用体と呼ばれる特殊なデータを用いることができる．このような特徴から，C言語は急速に普及した．また1982年には，C言語にオブジェクト指向の機能を追加したC++も開発された．

Ada

アメリカ国防省は，軍事用のリアルタイム処理のための言語の仕様を制定したが，これに基づき，1979年にIchdiahらによって開発されたのがAdaである。Adaという名前は，世界初の女性プログラマにちなみ命名された。Adaは，PASCALを基礎に開発されている。また，パッケージという概念で，大規模プログラムの作成が容易である。なお，国防省のテストに合格した言語プロセッサのみがAdaと呼ばれる。

PROLOG (programming in logic)

1972年にフランスのマルセーユ大学のColmerauerによって開発された人工知能用言語である。PROLOGの計算機構は，1階述語論理に基づいており，論理的推論を記述することができる。よってPROLOGは，論理型言語に分類される。PROLOGでは，事実と規則により知識処理を行うことができるので，人工知能プログラミングで用いられる。なお，PROLOGは，1981年にわが国で始まった第5世代コンピュータプロジェクトでも採用された。

Smalltalk

1972年にアメリカのXerox社のパロアルト研究所のGoldbergらによって開発されたオブジェクト指向用言語であり，Smalltalk-72と呼ばれている。Smalltalkは，一般向けのプログラミング言語として設計されているが，ビットマップディスプレイやマルチウインドウなどの使用により対話形式のプログラム開発が可能である。またSmalltalkは，オブジェクト指向型言語であるので，オブジェクト，メソッド，クラスなどの概念を用いてプログラムを記述することができる。なお，1980年にSmalltalk-80として一般公開されている。

Java

1995年にアメリカのSun Microsystems社のGoslingらによって開発された新しい言語である。インターネットの普及により，ネットワーク用の言語が必要となり，Javaは開発された。Javaによりインターネットプログラミングが

容易になる。Javaは，オブジェクト指向型言語でもあり，インターネット上のアプレットと呼ばれる小型プログラムをダイナミックに利用し，プログラムを作ることができる。また，Javaは，プログラムの実行環境も提供しており，どんなコンピュータ上でもJavaプログラムの実行が可能である。したがって，今後Javaは，インターネット時代に対応する言語として普及すると考えられる。

6.4 ソフトウェア開発技法

コンピュータおよびプログラミング言語の発展により，大規模で複雑なソフトウェアの開発が行われるようになった。よって，ソフトウェア開発技法が重要になってきた。なぜならば，ソフトウェア開発技法を確立することによって，短時間で誤りの少ない信頼性の高いソフトウェアを開発することができるからである。実際，コンピュータの性能が向上するにつれて，ソフトウェアも高度で大規模になってきた。よって，当然ソフトウェアコストは増大した。また，少数のプログラマだけでこのようなソフトウェアを開発することも次第に困難になってきた。これらの状況は，必然的にソフトウェアの生産性と品質を低下させた。さらに，ソフトウェア開発者も不足するようになった。これが1960年代後半から問題になっている**ソフトウェア危機** (software crisis) である。ソフトウェア危機を打開するために，ソフトウェア開発を工学的に研究する**ソフトウェア工学** (software engineering) の必要性が高まった。その中でも，ソフトウェアをいかに作るかの技術，すなわちソフトウェア開発技法は，最も重要な問題の一つである。

ソフトウェアを一つの製品と考えると，ソフトウェアもほかの工業製品と同様の工程で開発される。これらは，ソフトウェア開発の**ライフサイクル** (life cycle) とも呼ばれている。ソフトウェアの開発をプロセスとみなし，ライフサイクルを記述するモデルの一つとしては，**ウォーターフォールモデル** (waterfall model) があり，ソフトウェア工学の初期の段階から利用されている。ウォーターフォールモデルによれば，工程は以下のように分類される。

- システム要求定義　(system requirement definition)
- ソフトウェア要求定義　(software requirement definition)
- 基本設計　(basic design)
- 詳細設計　(detail design)
- コーディング　(coding)
- テスト　(test)
- 運用　(operation)
- 保守　(maintenance)

ソフトウェアは，通常ユーザの問題解決のために開発される．よって，ユーザが解決したい問題を明確化し，そのためにはどのようなシステムが必要かを定義しなくてはならない．これらの問題の整理は，**システム要求定義**と呼ばれ，システム構成などが要求仕様書としてまとめられる．つぎのソフトウェア定義では，ソフトウェアに関するユーザの要求が明確化される．**設計**は，**基本設計**と**詳細設計**に細分化される．基本設計では，ソフトウェアの基本構造やアルゴリズムなどの基本的な仕様を決定する．詳細仕様では，フローチャートなどを用いて，プログラムの入出力などの細部の仕様を記述する．**コーディング**は，プログラミング言語によりプログラムを作成する工程である．実際にプログラムをコンピュータ上で実行させ，正しく動作するかどうかを確認するのが**テスト**である．テストで正しい結果が得られない場合，プログラムには**バグ** (bug) と呼ばれる誤りがあることになるので，バグを取り除かなくてはならない．この作業は，**デバッグ** (debug) と呼ばれる．またテストでは，ソフトウェアの性能なども評価される．これまでの工程で一応ソフトウェアは完成するが，製品化のためには，仕様書やマニュアルなどの文書も作成しなくてはならない．また，実際にシステムを動かさなければならない．これが，**運用**である．ソフトウェアは，システム運用後にも改良や変更が行われることがある．これらの作業は，**保守**と呼ばれる．

では，ソフトウェアのライフサイクルの中で重要なものの一つである設計についてくわしく論じることにする（なお，プログラミング技法については，7章

で解説する)。ソフトウェアの設計法としては，つぎのようなものが知られている。

- 構造化設計法　(structured design, SD)
- 複合設計法　(composite design)
- ジャクソン法　(Jackson method)
- ワーニエ法　(Wanier method)
- オブジェクト指向設計法　(object‐oriented design, OOD)

構造化設計法は，Constantine により提案された設計法であり，プログラムをなるべくモジュール化し，個々のモジュールを系統的に組み合わせてプログラム全体を構築するという考え方に基づいている。なお，Myers の**複合設計法**も同様の設計法である。構造化設計法では，データ処理の流れを記述するバブルチャートとモジュール間の関係を階層的に記述した階層構造図が用いられる。

ジャクソン法は，Jackson による設計法であり，データの入出力構造からプログラム構造を設計するものである。ジャクソン法では，データ構造とプログラム構造を記述する JSP 木構造図とプログラムの詳細仕様を記述する図式論理が用いられる。

ワーニエ法は，Wanier によって提案された設計法であり，ジャクソン法と同様にデータ構造からプログラム構造を導く。しかし入力データのみが設計時に考慮される。またワーニエ法では構造化表現とフローチャートが用いられる。

オブジェクト指向設計法は，オブジェクト指向に基づく設計法であり，通常，オブジェクト指向分析とリンクしている。オブジェクト指向設計では，現実世界はオブジェクトにより記述され，オブジェクト指向型プログラミング言語によってソフトウェア化される。

最近，ソフトウェア工学で研究されているライフサイクルの全工程を支援するソフトウェアの研究開発が進められている。その中の代表的なものが，**CASE** (computer aided software engineering) である。CASE の使用により，ソフトウェア開発および保守の省力化が可能となり，ソフトウェアの生産性と信頼性が向上すると考えられている。

6.5 オブジェクト指向

オブジェクト指向（object-oriented）は，世界を「もの」の観点から記述するソフトウェア方法論であり，分析，設計，プログラミングに応用されている。オブジェクト指向は，1980年代から注目されるようになり，現在のソフトウェア方法論の中心となっている。

オブジェクト（object）は，コンピュータの世界において対象となる「もの」を意味する。そして，オブジェクトを抽象化すると，**クラス**（class）となる。ここでは，オブジェクト指向に基づくプログラミングである**オブジェクト指向プログラミング**（object-oriented programming）の概要を説明する。通常，オブジェクト指向プログラミングは，オブジェクト指向言語で行われる。なお，おもなオブジェクト指向言語には，JavaやC++などがある。

さて，オブジェクト指向プログラミングでは，「オブジェクト」は

オブジェクト＝データ＋プログラム

のように解釈される。ここで，プログラムは処理と考えられるので，「オブジェクト」とはデータとその処理を一体にして抽象化したものと考えることができる。

オブジェクト指向では，つぎのような概念が用いられる。
- カプセル化
- 継承
- ポリモフィズム

カプセル化（encapsulation）は，データとプログラムを一体化することである。ここで，プログラムの部分は**メソッド**（method）といわれる。カプセル化によって，オブジェクト外からはそのオブジェクト内のデータを参照することができなくなるが，この機能は**情報隠蔽**（information hiding）といわれる。

継承（inheritance）は，古いクラスから新しいクラスを作成する場合，古いクラスの性質を受け継ぐことである。したがって，継承はソフトウェアの再

利用を可能にする。継承において，古いクラスは**スーパークラス**（super-class），新しいクラスは**サブクラス**（subclass）といわれる。継承では，新しいクラスで必要な新しい定義のみを追加すればよいことになるが，これは**差分プログラミング**（differential programming）といわれる。また，継承では古いクラスの定義の一部を新しいクラスで変更することもできるが，これは**オーバーライド**（override）といわれる。

ポリモフィズム（polymorphism）は，異なるオブジェクトを同様のインタフェースで扱うことである。実際には，ポリモフィズムは継承などの各種の概念を組み合わせて実現される。

6.6 ソフトウェアの品質

ソフトウェアも一つの製品であることを考慮すると，高品質のソフトウェアを開発する必要がある。良いソフトウェアの基準としては，つぎの四つが考えられる。

- 品質特性
- 品質モデル
- 品質メトリクス
- 品質管理

品質特性（quality characteristics）は，良いソフトウェアが満足すべき性質である。

品質モデル（quality model）は，特定のソフトウェアにおける特定の特性を重視することである。

品質メトリクス（quality metrics）は，品質特性の計測方法である。メトリクスを用いることによって，品質を定量的に表現することができる。

品質管理（quality control）は，各種の品質保証を行う方法である。なお，これらの中で重要であると考えられるのは，品質特性と品質メトリクスである。

近年では，これらの品質特性のほかに**再利用性**（reusability）も重要視され

る。再利用性とは，複数の異なるソフトウェアもしくは環境において使用可能とする能力の属性の集合である。

ソフトウェアの品質メトリクスとは，ソフトウェアのさまざまな品質特性を客観的な尺度で定量的に評価するものである。しかし，ソフトウェアの品質を直接計量する方法はない。よって，ある種の客観的な尺度が必要となる。有名な品質メトリクスとしては，**LOC**（Lines of code）がある。LOC で計測すると，あるプログラムのソースコードの難しさや保守の困難さなどを評価することができる。

ソフトウェアの品質管理のモデルには，**CMM**（Capability Maturity Model）などがある。CMM はアメリカの Carnegie-Mellon 大学のソフトウェア工学研究所で 1991 年に開発されたモデルであり，いわゆる総合的品質管理の技法をソフトウェアに応用したものである。

ソフトウェア信頼性（software reliability）は，ある特定の環境において一定期間ソフトウェアの操作が故障なしに動作する確率である。したがって，ソフトウェア信頼性は，システム信頼性に影響する重要な要因であり，ソフトウェア品質の一部にもなっている概念である。

ソフトウェア故障の原因としては，ソフトウェアのバグ，あいまい性，見落とし，仕様の誤解などが挙げられる。これらの原因はハードウェア故障の原因とも類似するが，本質的な違いがある。ハードウェア故障は物理的過失であるが，ソフトウェア故障は設計的過失である。設計的過失は，通常，目に見えないものであり，分類，発見，修正が難しい。すなわち，設計的過失は人間の要因によるところが大きい。

ソフトウェア信頼性モデルには，目的からつぎの二つに分類される。

- 予測モデル
- 評価モデル

予測モデル（prediction model）は，データ系列から将来の信頼性を予測するモデルである。ソフトウェア開発では，予測モデルは開発，テスト以前の工程で利用される。代表的な予測モデルには，基本実行時間モデルや対数 Poisson（ポアソン）実行時間モデルなどがある。

評価モデル（estimation model）は，現在のソフトウェア開発作業のデータから現在または将来の信頼性を評価するモデルである。評価モデルは，ソフトウェア開発の後半の工程の必要なデータが収集された時点で利用される。代表的な評価モデルとしては，指数分布モデルやWeibul（ワイブル）分布モデルなどがある。両者のモデルとも，故障データを収集した後，統計的解析を行い信頼性を決定するが，目的に応じて利用される。

6.7 プロジェクト管理

ソフトウェア開発をプロジェクトと考えると，開発が順調に行われ，ソフトウェアの納期に間に合うためには**プロジェクト管理**（project management）が必要となる。プロジェクト管理は，歴史的にはアメリカの宇宙開発の過程で生まれた考え方であり，その後，ソフトウェア開発をはじめとするプロジェクトに応用されている。

一般に，ソフトウェア開発の工程が遅れる原因としてはつぎのようなものが考えられる。まず，管理そのものが，プロジェクトを終了させるために要する時間の見積もりを過小評価することである。それに関連する原因として，プロジェクト計画にあまり時間をかけず開発を開始することもある。また，プログラマのスキルが低く，当初想定されていた生産性を下回ることも大きな原因となる。

プロジェクト管理では，プロジェクト終了までにさまざまな作業を行うことになる。よって，プロジェクトにも作業の流れである**プロジェクトライフサイクル**（project life cycle）があり，つぎのようなフェーズから構成される。

- 研　究
- 設　計
- 開　発
- 操　作

研究フェーズでは，ユーザのニーズやシステム性能などの要因が同定され

る。

　設計フェーズは一般的なシステムのレビューが行われる。システムの入出力の設計や使用ソフトウェアの選択，要員の計画などがおもな作業である。

　開発フェーズは，実際の開発を管理するための作業が行われる。中心になるのは，実装計画であるが，コーディング，デバッグ，テストなどの計画も含まれる。

　操作フェーズは開発終了後，システムを出荷するまでに行うべき作業である。システム性能の評価やシステム修正・拡張などが行われる。プロジェクトライフサイクルは，ソフトウェアライフサイクルとほぼ同じ構成となっている。

　プロジェクト管理を成功させるためには，時間，コスト，効率性を重視しなくてはならない。したがって，プロジェクト管理のためのさまざまなツールが開発されている。おもなツールには，ワークブレイクダウン構造，PERT，Gantt図などがある。

　また，プロジェクト管理のための総合的な手法としては，**PMBOK**（project management body of knowledge：ピンボック）や**SPICE**（software process improvement and capability determination）などがある。

7 アルゴリズムと計算理論

7.1 アルゴリズム

　6章で論じたように，われわれはプログラミング言語を用いてプログラムを作ることができる．プログラムは，プログラマが意図した**計算** (computation) を行うものである．しかし，いかにしてプログラムを作ればよいのであろうか．プログラミング言語は，プログラミングのための道具ではあるが，自動的にプログラムを作ってくれるわけではない．プログラマは，プログラムが行うべき計算の手順を事前に考えておかなければならない．このような計算の機械的な手順は，**アルゴリズム** (algorithm) または**算法**と呼ばれている．JIS によれば，アルゴリズムは，明確に定義された有限個の規則の集まりであって，有限回適用することにより問題を解くものと定義されている．よって，アルゴリズムを学ぶことは，プログラミングのために非常に重要であると考えられる．

　実際，アルゴリズムの概念は，いわゆる**計算理論** (theory of computation) という分野で研究されている．また，プログラミングの世界でも，次節で解説するように，フローチャートなどのアルゴリズムを表現するものが，しばしば用いられている．したがって，アルゴリズムについて深く理解することは，より良いプログラムの作成を可能にすると考えられる．では，良いアルゴリズムとは何であろうか．良いアルゴリズムは，最低限，つぎの二つの条件を満たさなければならない．

- 与えられた問題の正しい結果を出すこと
- 計算は有限に終了すること

ここで，これらの二つについて考えてみることにする．まず，問題を解決し，正しい結果を計算する手順を示していなければ，アルゴリズムとはいえない．も

ちろん，計算過程に矛盾があってはならない．つぎに，計算は有限の手続きとして記述されなければならない．もし，計算が有限時間に終了する保証がなければ，プログラムを作る意味がない．さらに，計算時間は，なるべく短いほうがよいということは当然である．以上のように，アルゴリズムは抽象的な概念であるが，明確化しなければ，(良い) プログラムを作ることはできない．

では，具体的な問題を例にアルゴリズムを考えてみることにする．最も基本的な計算例である 1〜10 の整数の和について分析してみよう．

$$1+2+3+4+5+6+7+8+9+10 = 55 \tag{7.1}$$

小学校で算数を習った人なら誰でも式 (7.1) の計算を容易に行うことができるだろう．式 (7.1) は，省略して式 (7.2) のように書くこともできる．

$$1+2+\cdots+10 = 55 \tag{7.2}$$

この例の計算のアルゴリズムは，式 (7.1) の左辺の計算の手順を記述することであり，その手順を実行すると右辺に相当する答えが得られる．われわれは，日常，式 (7.1) の計算を無意識的に行うことができる．しかし，コンピュータにこのような計算をさせるためには，式 (7.1) の計算アルゴリズムを明確化し，それを表現するプログラムを作り，実行しなければならない．ここで問題となるのは，式 (7.1) の計算に必要なすべての手順を考慮し，厳密にアルゴリズムを記述しなければならないということである．この例では，あまりにもあたりまえのことが多く，難しい．すなわち，プログラミングの難しさは，このアルゴリズムを考えることにあるといっても過言ではない．もちろん，複雑な計算のためには，より複雑なアルゴリズムが必要となる．

さて，式 (7.1) の計算を細かくみてみよう．まず，われわれは何をするべきであろうか．最も基本的な考え方では

$$1+2 = 3 \tag{7.3}$$

を行う．つぎに，式 (7.3) の結果に 3 を足すであろう．つまり

$$3+3 = 6 \tag{7.4}$$

となる。式 (7.4) のつぎには，6 に 4 を足す。

$$6 + 4 = 10 \tag{7.5}$$

以下，同様の操作を繰り返すことになる。

$$10 + 5 = 15 \tag{7.6}$$

$$15 + 6 = 21 \tag{7.7}$$

$$21 + 7 = 28 \tag{7.8}$$

$$28 + 8 = 36 \tag{7.9}$$

$$36 + 9 = 45 \tag{7.10}$$

$$45 + 10 = 55 \tag{7.11}$$

式 (7.3)～(7.11) の処理は何を意味しているであろうか。これは，通常コンピュータの内部で行われる計算に対応する。しかし，この処理を一般化するためには，つぎのような変数 (パラメータ) が必要となる。

- 結　果
- 足す数

ここで，結果は繰返し処理後の計算結果を表し，足す数は 1～10 の整数を表す。したがって，上記の処理が終了した時点で，結果は答えになっていなければならない。また，足す数は，処理を繰り返すたびに 1 が足されている。これらの処理により，1～10 の整数が足されることになる。さらに厳密に考えると，式 (7.3) の前に

$$0 + 1 = 1 \tag{7.12}$$

が行われていると考えられる。こうしてみると，上記の二つの変数には，いわゆる**初期値**が設定されているわけである。初期値から単純な繰返し処理を行うことにより，最終的に計算結果が得られる。よって，複雑な処理も単純な処理の組合せまたは繰返しと考えられる。すなわち，この例では，足す数に 1 を足す処理の繰返しとなる。よって，式 (7.1) はつぎのように解釈することができる。

$$(0+1)+(1+1)+(2+1)+\cdots+(9+1) \qquad (7.13)$$

したがって，このアルゴリズムでは，足す数に1を足しながら初期値に足す処理を10回繰り返せばよいことになる．このように，アルゴリズムは具体的に書くことができるが，実際にプログラミングを行うためには，次節で述べるフローチャートなどを理解する必要がある．

7.2 構造化プログラミングとフローチャート

前節で説明したように，アルゴリズムを厳密に記述しなくては，プログラムを作ることはできない．しかし，アルゴリズムが頭の中で決まっても，いきなりプログラムを作ることは難しい．プログラミングの理論では，プログラミングの手法をある程度統一すると，わかりやすいプログラムを書くことができるという**構造化プログラミング** (structured programming) と呼ばれる考え方がある．構造化プログラミングは，1970年代にDijkstraにより提案された理論であり，現在のプログラミングの基礎ともなっている．Dijkstraは，プログラムの基本構造として，つぎの六つを挙げている．

- 連 接
- 条件分岐 (if then else)
- 一定回反復 (for)
- 前判定反復 (while)
- 後判定反復 (do while)
- 多方向分岐 (switch case)

多くのプログラミング言語には，これらの基本構造を表現するための命令が用意されている．なお，括弧内はC言語に対応する命令名である．さて，これらの基本構造を図示するためには，いわゆる**フローチャート** (flowchart) がしばしば用いられる．フローチャートは，C言語などのプログラムを記述することができる．よって，プログラムを作る前の設計の段階で，あらかじめプログラムの処理をフローチャートで書いておくことができる．通常，フローチャー

トは詳細設計で用いられる．フローチャートで用いられる基本的な記号は以下のとおりである．

　　　端　子：　◯　　　　入出力：　▱
　　　流れ線：　──　　　　サブルーチン：　▭
　　　処　理：　▭
　　　判　断：　◇

これらの記号を組み合わせて，フローチャートは書かれる．また，記号の中に簡単な説明を書くのが普通である．端子は，処理の開始，終了などを表す．流れ線は，フローチャート記号を連結し，処理の流れを表すために用いられる．フローチャートは，記号を縦に連結して書かれる．処理は，各種の処理を表す．判断は，条件によって選択すべきつぎの処理を示す．判断の条件は，記号の中に書かれる．入出力は，入力および出力処理を表現する．一般に，印刷処理も出力処理として扱われる．サブルーチンは，別の単位のプログラム (サブルーチン) などを表す．よって，この記号に対応して別のフローチャートが必要となる．

　では，連接と条件分岐をフローチャートを使って説明することにする．まず，連接は文の系列 (並び) と考えればよい．よって，対応するフローチャートはつぎのとおりである．

　　　　　　　処理1
　　　　　　　処理2
　　　　　　　処理3

　つぎに，プログラムの処理の制御を変える方法として**条件分岐**がある．すなわち，ある条件の真偽によって分岐の方向が決定される．条件分岐は条件付きの処理を記述するときに用いられるが，フローチャートの理論では**if文**と呼ば

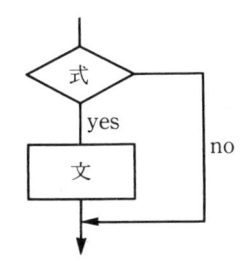

7.2 構造化プログラミングとフローチャート

れる。条件分岐のフローチャートを書くと上記のようになる。

条件に対応する式を判断し，条件が成り立てば (yes)，文に対応する処理を行い，成り立たなければ (no)，何もせずつぎの処理を行う。

真偽条件による分岐をさせたいときの処理は，**if then else 文**と呼ばれるが，フローチャートで書くとつぎのようになる。

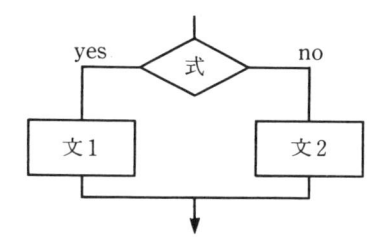

条件に対応する式を判断し，条件が成り立てば (yes)，文1に対応する処理を行い，成り立たなければ (no)，文2に対応する処理を行う。

プログラムを作るとき，しばしばある処理を条件により反復させたいことがある。このような処理は**繰返し処理**と呼ばれる。ある処理を決まった回数だけ繰り返したいときの処理は **for 文**とも呼ばれ，フローチャートはつぎのようになる。

```
        ┌─────┐
        │ 式1 │
        └──┬──┘
     ┌─────▼─────┐
     │    式2    │──no──┐
     └─────┬─────┘      │
          yes           │
        ┌──▼──┐         │
        │  文 │         │
        └──┬──┘         │
        ┌──▼──┐         │
        │ 式3 │         │
        └──┬──┘         │
           └────────────┘
                ▼
```

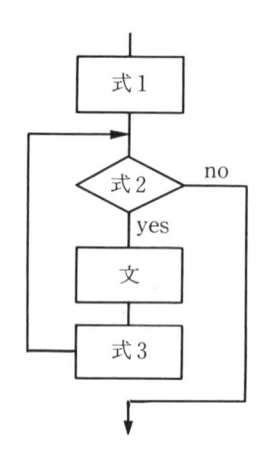

条件判定を繰返し処理の前に行いたいときの処理は**前判定反復**であり，**while文**とも呼ばれる。この処理のフローチャートはつぎのようになる。

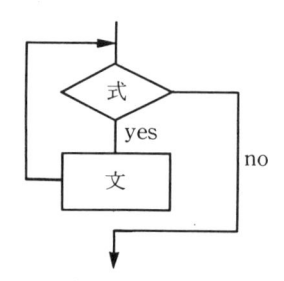

```
        ┌─────┐
     ┌──│  式 │──no──┐
     │  └──┬──┘      │
     │    yes        │
     │  ┌──▼──┐      │
     │  │  文 │      │
     │  └──┬──┘      │
     └─────┘         │
                     ▼
```

条件に対応する式を判断し，その条件が成り立つ限り，文に対応する処理を繰り返し実行する。条件が成り立たなくなると，つぎの処理を実行する。

繰返し処理の終わりで条件を判定する処理は，**後判定反復**または **do while文**と呼ばれる。対応するフローチャートはつぎのとおりである。

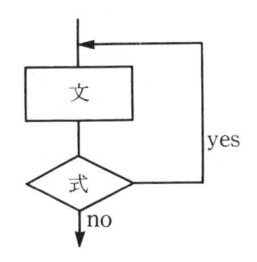

7.2 構造化プログラミングとフローチャート

do while 文では，文を実行した後，式を判断し，式が真である限り文を繰り返し実行する。

三つ以上の条件の真偽によって処理を分岐させたいときには，多方向分岐を使うと便利であり，フローチャートはつぎのようになる。

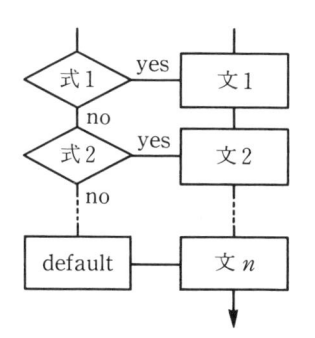

ここで，式 1 から式 n−1 までは判断を表し，それらの条件が真 (yes) であれば，対応する文以降のすべての文を処理する。また，default は，すべての式が偽 (no) であったときの処理を表す。例えば，式 1 が成り立てば，文 1 から文 n までのすべての処理が行われる。

さて，フローチャートを用い，前節の例題のプログラムを記述すると以下のようになる。

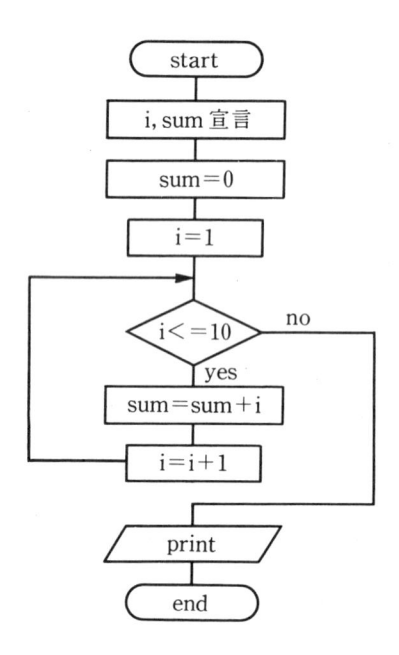

```
                    ┌─ start ─┐
                    │ i, sum 宣言 │
                    │ sum = 0 │
                    │  i = 1  │
                    ◇ i<=10 ◇ → no
                      yes
                    │ sum=sum+i │
                    │  i=i+1  │
                    │  print  │
                    └─  end  ─┘
```

このフローチャートに基づくC言語プログラムとその実行結果は，つぎのとおりである。

1から10までの整数の和を求めるプログラム

```c
#include<stdio.h>
main( )
  {
    int   i, sum;
    sum = 0;

            for( i = 1; i <= 10; i++){
```

```
                sum = sum + i;
        }
    printf("sum = %d¥n", sum);
}
```

実行結果

```
sum = 55
```

7.3　計　算　理　論

　計算の概念を理論的に研究する分野は**計算理論**と呼ばれ，コンピュータサイエンスと密接に関連している．特にプログラミングの世界では，いわゆる**計算可能性** (computability) の一つの形式化として**アルゴリズム**が用いられている．実際，計算可能なプログラムを作ることが，プログラミングの目的とも考えられる．数学的に述べると，計算の概念は，計算可能性の概念により記述することができる．例えば，関数 $f(x_1, x_2, \cdots, x_n)$ が計算可能であるのは，変数 $x_1, x_2, \cdots, x_n$ が与えられたとき，$f(x_1, x_2, \cdots, x_n)$ の値を決定する機械的な手続きが存在するときである．この機械的手続きがアルゴリズムにほかならない．

　歴史的にみると，アルゴリズムを記述するためのさまざまな理論が提案されている．以下に示すのは，主要な計算理論である．

- Turing 機械 (Turing machine)
- ラムダ計算 (λ - calculus)
- Markov アルゴリズム (Markov algorithm)
- フローチャートプログラム (flowchart program)

Turing 機械は，Turing によって 1930 年代に提唱された抽象機械である。Turing 機械を用いて，すべての計算を机上でシミュレートすることができる。現在のコンピュータの誕生に大きな影響を与えたことは，言うまでもない。**ラムダ計算**も Church により同時期に論理学との関連で提案された適用と抽象化の理論であり，プログラミング言語 LISP の基礎理論ともなっている。Markov アルゴリズムは，Markov により提案された書換え規則を基本とした計算理論である。フローチャートプログラムは，Floyd などにより提案されたもので，前述のフローチャートを用いて，計算可能なプログラムを研究する理論である。理論的には，これらの計算理論は，本質的に同等であることが知られている。

ここでは，フローチャートプログラムの理論について解説する。フローチャートプログラムの理論には，フローチャートを直接用いるものや，簡略化されたプログラミング言語を用いて，フローチャートに対応させるものなどがある。まず，最も単純な言語 L を考えてみよう。L は，正整数の演算を扱うための言語であり，つぎのような記号により記述される。

変　数

　　　入力変数：$X_1, X_2, X_3, \cdots$

　　　出力変数：$Y_1, Y_2, Y_3, \cdots$

　　　補助変数：$Z_1, Z_2, Z_3, \cdots$

命　令

　　　$V \leftarrow V + 1$　　（変数 V に 1 を足す）

　　　$S \leftarrow V - 1$　　（変数 V から 1 を引く）

　　　（ただし $V = 0$ の場合は，V は不変である）

　　　IF　$V \neq 0$　THEN　GOTO　L

　　　（もし $V \neq 0$ ならば，ラベル L の命令を実行する。そうでないならば，つぎの命令を実行する）

ラベル

$L_1, L_2, L_3, \cdots$

入力変数は，入力値を格納する変数であり，出力変数は，出力値を格納する変数である．また，補助変数は，計算の途中の値を格納する補助的な変数である．記号 + と - は，それぞれ加算と減算を表す．$V \leftarrow V+1$ $(V \leftarrow V-1)$ は，$V+1$ $(V-1)$ の結果を V に代入する命令である．GOTO L は，ラベル L にジャンプする命令であり，IF $V \neq 0$ GOTO L は，条件分岐に対応する．また，ラベルは，ジャンプする場所を表すために用いられる．

プログラミング言語 L で $X_1 + X_2$ を計算するプログラムを書くと以下のようになる．

```
    Y   ←   X1
    Z   ←   X2
L1  IF    Z ≠ 0   GOTO    L2
    GOTO    LE
L2  Z   ←   Z - 1
    Y   ←   Y + 1
    GOTO    L1
LE
```

ここで L_E は，終了を表す特別なラベルである．では，このプログラムで $2+3$ がどのように計算されるかをみてみよう．まず

(1) $Y \leftarrow 2$

(2) $Z \leftarrow 3$

となる．すなわち，Y に 2 が Z に 3 が代入される．つぎに，ラベル L_1 で $Z=0$

かどうか判定される。(2) より，ラベル L_2 にジャンプし

 (3) $Z \leftarrow 2 - 1 = 1$

 (4) $Y \leftarrow 3 + 1 = 4$

となり，再び L_1 にジャンプする。L_2 の二つの命令を実行すると，(5) と (6) が得られる。

 (5) $Z \leftarrow 1 - 1 = 0$

 (6) $Y \leftarrow 4 + 1 = 5$

つぎに，ラベル L_1 にジャンプする。ここで $Z = 0$ であるので，つぎの命令，すなわち GOTO L_E が実行され，プログラムは終了する。プログラム終了時の Y の値，すなわち 5 が計算結果となる。

 前節で論じたように，繰返し処理はプログラミングの重要な概念であり，フローチャートでもこれを記述することができる。よって，繰返し命令をもつ新しいプログラミング言語 L' が必要となる。L' は，L に LOOP 命令と END 命令を追加したものである。

  LOOP V (END 命令までの命令を V 回繰り返す)

  END (プログラムを終了する)

LOOP 命令は，ループ (繰返し) を表現する命令であり，例えば FORTRAN の DO ループに相当する。END 命令は，プログラムを終了させる命令である。なお，LOOP 命令は，END 命令と対で実行される。

 プログラミング言語 L' で，$X_1 \times X_2$ を計算するプログラムを書くと以下のようになる。

```
Z ← 0
LOOP   X1
    LOOP   X2
Z ← Z + 1
    END
END
Y ← Z
```

このプログラムで 2×3 を計算すると，以下のようになる．まず，$X_1 = 2$, $X_2 = 3$ であるので，3 行目から 5 行目までの命令が 2 回実行される．LOOP X_2 より，$Z \leftarrow Z+1$ が 3 回実行される．よって，まず内側 (LOOP X_2) のループにより

(1)　$Z \leftarrow 0 + 1$

(2)　$Z \leftarrow 1 + 1$

(3)　$Z \leftarrow 2 + 1$

となる．また，外側 (LOOP X_1) のループにより，(1)〜(3) と同様の計算が繰り返される．すなわち

(4)　$Z \leftarrow 3 + 1$

(5)　$Z \leftarrow 4 + 1$

(6)　$Z \leftarrow 5 + 1 = 6$

となる．(6) までで繰返し処理は終了し，計算結果が (7) のように Y に代入される．

(7)　$Y \leftarrow 6$

よって，2×3の結果は6となる。これらの二つの例から，プログラミング言語の計算過程をフローチャートの立場からシミュレートすることができる。FORTRANやCなどの実際のプログラミング言語は，LやL'をさらに複雑化したものである。したがって，フローチャートプログラムは，プログラムの基本的な性質を研究するために非常に有効であると考えられる。

7.4 データ構造

プログラムの処理手順は，前節で論じたアルゴリズムによって記述されるが，プログラムのもう一つの重要な構成要素は，**データ構造** (data structure) である。したがって

　　　　プログラム＝アルゴリズム＋データ構造

という図式が成り立つ。プログラムには，通常，入力データと出力データがあるが，それらのデータにはさまざまな構造がある。すなわち，データ構造とは，プログラムで処理される情報（データ）の構造と考えられる。

プログラムで扱われるデータには，構造をもたないものともつものの2種類がある。前者は**データ型** (data type)，後者は**構造的データ型** (structured data type) と呼ばれる。データ型は，プログラムで扱われる最小のデータの単位であり，**データ項目** (data item) に対応する。一方，構造的データ型は，データ型をある方法で結合させたより複雑なデータの集合体である。

では，まずデータ型について説明する。コンピュータでは，数字のほかにさまざまな形のデータ（例えば文字）が処理される。よって，データの種類を表すものが必要となってくる。この基本的なデータの種類がデータ型である。データ型には，つぎのような種類がある。

- 整数型　(integer type)
- 実数型　(real type)
- 文字型　(character type)
- 論理型　(logical type)

整数型は，整数値を表すデータ型である。正負の符号を付ける場合もある。実数型は，実数値を表すデータ型である。実数型データの表現法としては，**固定小数点**と**浮動小数点**がある。文字型は，文字を表すデータ型である。文字は，数字，英字，記号の並びとして表現される。論理型は，真と偽の二つの真理値を表すデータ型である。

構造的データ型は，上記の基本的なデータ型にある構造を与えたものであり，複雑な情報を表すことができる。構造的データには，つぎのような種類がある。

- 配列 (array)
- ポインタ (pointer)
- レコード (record)
- スタック (stack)
- キュー (queue)
- リスト (list)
- 木 (tree)

配列は，同じデータ型のデータを並べたものである。配列には，一列だけのデータの並びである**1次元配列** (one - dimensional array) と行と列の並びである**2次元配列** (two - dimensional array) の2種類がある (図 **7.1**, 図 **7.2**)。配列中のデータを参照するためには，**添字** (subscript) が用いられる。例えば，1次元配列 A の第 n 番目の要素（データ）は，$A(n)$ と表現することができる。また，2次元配列 B の i 行 j 列の要素は，$B(i,j)$ と表現することができる。

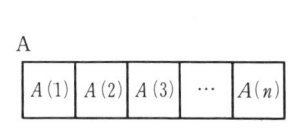

図 **7.1** 1次元配列

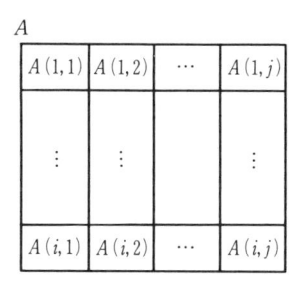

図 **7.2** 2次元配列

ポインタは，データの記憶場所を表すデータ型である。よって，ポインタは，データの記憶番地（アドレス）を表している。

レコードは，単一または複数の異なるデータ型を要素とするデータ型であり，**構造体** (structure) とも呼ばれる。

スタックは，push（要素の格納）と pop（要素の取り出し）を基本操作とする，1次元配列構造のデータである。スタックでは，データの入力順と出力順が逆になるが，これは **LIFO** (last - in - first - out) と呼ばれる（図 **7.3**）。

キューは，スタックと同様の1次元配列構造をもつが，**FIFO** (first - in - first - out) のデータ構造である。キューの格納操作は enque，取り出し操作は deque と呼ばれる（図 **7.4**）。なお，キューは **待ち行列** とも呼ばれる。

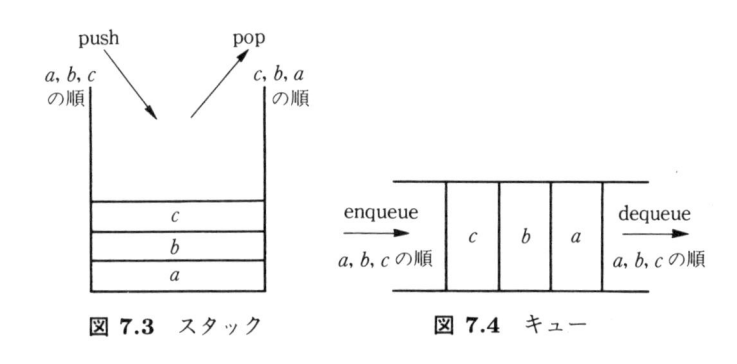

図 **7.3** スタック

図 **7.4** キュー

リストは，いくつかの要素をポインタにより論理的な位置関係に並べたデータ構造である。データ項目とつぎの要素を示すポインタの組合せは，**セル** (cell) と呼ばれる。図 **7.5** は，abc を表すリストであるが，A_0, A_1, A_2 はポインタを表し，a, b, c は格納されているデータ項目を表す。

木は，データ項目をポインタで結合した木の形のデータ構造である（図 **7.6**）。木の一番上の点は **根** (root)，中間の分岐点は **節点** (node)，一番下の節点は **葉**

図 7.5　リスト　　　　　図 7.6　木

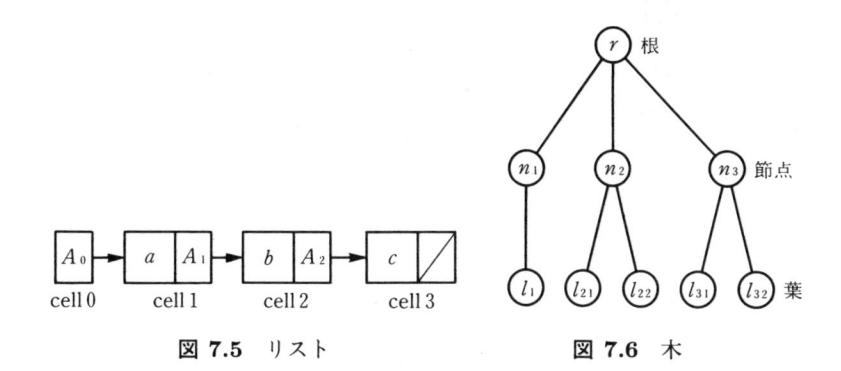

(leaf) と呼ばれる。なお，木の中で，すべての枝が2個であるものは，**二分木** (binary tree) と呼ばれる。

8 データベース

8.1 データモデル

データベース (database) は，多量のデータを集めたものである．実際には，1950年代半ばになり，事務処理の一部としてデータ処理の重要性が高まり，データベースを用いた総合的なソフトウェアが出現した．これが，いわゆる**データベース管理システム** (database management system, DBMS) であり，現在では主要なソフトウェアの一つとなっている．

データベースを構築するためには，データをいかに表現するかを明確にしなくてはならない．データベースを構成する各データは，**データ項目** (data item) と呼ばれる．データ項目をある表現形式で統一的に記述するのが，**データモデル** (data model) である．意味を有するデータの集合は，**欄** (field) と呼ばれる．また，欄を要素とする集合は，**レコード** (record) と呼ばれる．さらに，関連のあるレコードの集合は，**ファイル** (file) と呼ばれる．よって，データモデルは，データレコードを組織化するものと考えられる．データモデルにより，実世界のデータをファイルやデータベースとして管理することができる．したがって，データモデルは，データベース設計において非常に重要な役割を果たす．さて，データモデルとしては，つぎのようなものが提案されている．

- 階層モデル (hierarchical model)
- ネットワークモデル (network model)
- 関係モデル (relational model)
- 実体関係モデル (entity relationship model)

階層モデルは，階層的な構造をもつデータを記述するためのモデルであり，1956年にIBM社のデータベース管理システムであるIMS (information management system) で採用されたものである．階層モデルでは，データは**木構造** (tree structure) で表現される．すなわち，関連するいくつかのデータ項目をまとめた**セグメント** (segment) が木構造で結合される．各セグメントは，最上位のセグメントからリンクにより親子関係でレベル付けされる．親セグメントは，複数の子セグメントをもつことができるが，子セグメントは，一つの親セグメントしかもてない．よって，階層モデルは，会社などの階層的な構造の表現に適している．

ネットワークモデルは，1963 年に GE 社が開発した IDS (integrated data store) で用いられたモデルである．ネットワークモデルは，階層モデルの一般化と考えられる．階層モデルでは，子セグメントは一つの親セグメントしかもてないが，ネットワークモデルでは，この制限がない．したがって，データをネットワーク構造として表現することができる．

関係モデルは，1970 年に IBM 社の Codd により提案されたモデルである．関係モデルでは，データ項目は表として表現される．各表は関係の名前をもち，いくつかの行 (組) と列 (属性) から構成される．また，関係スキーマを属性の名前として定義することもできる．データは行と列により管理され，関係代数により射影，結合，選択などの操作が行われる．

実体関連 (ER) モデルは，1976 年に Chen によって提案されたモデルであり，実世界でデータとなるものを実体として解釈するものである．実体は属性によって記述され，一つの実体とほかの実体は関連によって関係が記述される．よって，一般に，実体はレコードに対応し，属性はそのレコードの欄として表現される．実体関連モデルは，データベースの概念設計の一つの手法として用いられている．

8.2 データベースの分類

前節で説明したデータモデルは，データベース構築のための基本的な概念である．データベースは，これらのデータモデルに基づき外部記憶装置に格納さ

れる実世界のデータの集合と考えられる。また，データベース管理システムは，データベースの作成，データの追加，変更，削除，検索などの機能をユーザに提供し，データベースを総合的に管理するソフトウェアである。上述のデータモデルに対応するデータベース管理システムが存在する。例えば，階層モデルに基づき集めた実世界のデータの集合が階層データベースであり，これを管理するのが階層データベース管理システムである。1960年代から1970年代にかけて，大型コンピュータ上に多くのデータベースが構築された。これらのデータベースのほとんどは，階層モデルまたはネットワークモデルに基づくものであった。しかし，1970年代半ばになると，関係モデルに基づくデータベース，すなわち関係データベースが開発されるようになった。さらに1980年代になると，ダウンサイジングによりパソコンが普及し，商用の関係データベース管理システム(例えばdBASEなど)が登場し，データベースの重要性が認識されるようになった。1990年代になると，マルチメディアの発展にともない，実体関連モデルや意味データモデルなどの研究も活発になり，8.4節で論じるような新しいタイプのデータベースも注目されるようになっている。

データベースを格納されているデータの種類によって分類すると，つぎの二つとなる。

- ファクトデータベース
- リファレンスデータベース

ファクトデータベース (fact database) は，事実 (fact) を表現するデータの集合から構成されるデータベースである。会社の従業員データベースや在庫管理データベースなどは，ファクトデータベースの例である。ファクトデータベースでは，データの操作は，ユーザによって直接行われる。

リファレンスデータベース (reference database) は，ファクトデータベースと異なり検索や照会などの操作のみがユーザによって行われるデータベースである。よって，データの追加，更新，削除などは，データベース管理者によって行われる。リファレンスデータベースは，**文献データベース**とも呼ばれる。

さらに，データベースは，データの格納方法によってもつぎのように分類す

ることができる。

- 集中型データベース
- 分散データベース

集中型データベースは，データを一つの場所に集めて構築されたデータベースである。当初のデータベースのほとんどは，集中型データベースであった。集中型データベースは，処理効率が非常に高く，また運用も容易であった。

分散データベースは，1980年代後半から出現したものであり，ネットワークを用いて分散したデータを統合的に管理するデータベースである。分散データベースは，パソコンをネットワーク化することにより実現可能であるので，コスト削減と応答時間の短縮が可能となる。なお，新しいタイプのデータベースについては，8.4節で論じることにする。

データベース管理システムの目的は，データベースを総合的に管理することであるが，具体的に考えると，その機能はつぎのようにまとめることができる。

- データ独立性
- データアクセス
- セキュリティ
- 並行操作
- 障害回復

データ独立性とは，データベース内のあるデータが変更されても，ほかのデータがその影響を受けないことである。データベースは，つねに変更が行われるので，全体の整合性を考慮するとデータ独立性は非常に重要である。

データベースでは，各種の目的のためにいくつかのデータアクセスの方法がある。記憶装置とその中に格納されるあるデータの集合は，**ファイル** (file) と呼ばれる。ファイルは，**レコード** (record) の集まりと考えられる。ユーザまたはオペレーティングシステムの立場からみたレコードは，**論理レコード**と呼ばれる。一方，データベース管理者の立場からみたレコードは，**物理レコード**または**ブロック**と呼ばれる。レコードは**長さ** (length) をもっているが，これにより**固定長レコード** (fixed length record) と**可変長レコード** (variable length record) に分類される．固定長レコードは，ファイルを構成するレコードがすべて同じであるが，可変長レコードは，レコードによって長さが異なる．データベースで用いられるファイル編成としては

- 順編成ファイル　(sequential organization file)
- 直接編成ファイル　(direct organization file)
- 索引順編成ファイル　(indexed sequential organization file)

がある．**順編成ファイル**は，ファイルを構成するレコードが入力順に一列に並べられたファイルである．順編成ファイルのレコードは，先頭から順に処理されるが，ランダムにアクセスすることはできない．**直接編成ファイル**は，レコードのアドレスを直接指定するファイルである．**索引順編成ファイル**は，レコードを**キー** (key) に従いアクセス可能なファイルである．索引順編成ファイルでは，キーに従いランダムアクセスを行うことができる．

セキュリティ(security) は，データベース内のデータの機密および安全性を保証する機能である．**並行操作**は，複数のユーザが同時に磁気ディスクなどの資源にアクセス可能にするための制御機能である．また，**障害回復**は，データベース内で障害が起こった際 (例えば，データの破壊など)，いかに機能を回復させるかということである．

8.3　データベース言語

前述のように，データベースは，データモデルを理論的基礎にしている．しかし，一般ユーザがデータベースを利用するためには，データベースの定義と操作のための言語が必要となる．このようなデータベース用の言語は，**データベース言語** (database language) と呼ばれる．データベース言語は，一般に，**データベース定義言語** (database definition language, DDL) と**データベース操作言語** (database manipulation language, DML) からなる．関係データベース用のデータベース言語としては，**SQL** (structured query language) が特に有名である．

データ定義言語は，データの定義とデータベースにおける整合性制約の定義を行う言語である．整合性制約とは，データベースのデータの整合性を保つための制約である．データ操作言語は，データベースのデータを操作するための言語である．特定のデータベース内で必要な手続きや実行可能文の定義に用いられる．では，関係データベースを例にデータベースシステム全体の概要について解説することにする．データベースの設計のレベルは，通常，つぎの三つに分類される．

- 概要レベル
- 論理レベル
- 物理レベル

これらのレベルは，いわゆる**スキーマ** (schema) と呼ばれるある種の定義によって記述される．概念レベルでは，データベースは抽象的に解釈され，概念スキーマによって定義される．すなわち，概念データベースは，実世界の抽象化と考えられる．よって，関係データベースの場合，概念レベルは関係と呼ばれる数学的概念である．論理レベルは，データベースの論理構造の定義に相当し，論理スキーマによって定義される．関係データベースでは，レコード，欄，表などの概念が論理レベルであり，関係スキーマとして解釈される．関係スキーマは，後述する関係代数により厳密なモデルが与えられる．物理レベルは，データベース実現のための具体的な問題を扱うレベルであり，物理スキーマによって記述される．前述したファイルの構造など，物理レベルの構造が対象となる．したがって，物理レベルは，データベースの種類には大きく依存しないレベルである．

さて，データベースの基礎となっている関係モデルは，いわゆる**関係代数** (relational algebra) に基づいている．関係データベース内の関係は，一般にレコードの集合と解釈され，各レコードは属性によって解釈される．また，関係データベースのデータ検索は，関係の操作に対応する．では，関係代数の概要について説明する．Codd の関係モデルでは，レコードに相当する**組** (tuple) が基本となり，関係代数の基本演算によりデータ操作が行われる．関係代数の

基本演算は,つぎのとおりである.
- 選択 (selection)
- 射影 (projection)
- 直積 (direct product)
- 和 (union)
- 差 (difference)

では,個々の演算について解説してみよう.例えば,**表 8.1** のような成績表を考えてみよう.

表 8.1 成績表 1

番号	学年	科目	成績
97001	1	代数学	100
97002	1	論理学	70
97010	1	代数学	50
97015	1	情報処理	30
96120	2	代数学	85
96153	2	物理学	0

さて,**表 8.1**(成績表 1)は,成績管理のための関係データベースと考えられる.実際,この表の各行は,一組の値(すなわち,番号,学年,科目,成績)の間の関係を表現している.

選択は,一つの表に関して指定した行を選択する演算である.例えば,成績表 1 から代数学を受験したすべての学生を選択する演算は

　　Select 　科目 　= 　代数学(成績表 1)

と記述され,**表 8.2** が出力となる.

表 8.2 選 択

番 号	学 年	科 目	成 績
97001	1	代数学	100
97010	1	代数学	50
96120	2	代数学	85

射影は，一つの表に関して指定した列を選択する演算である．例えば，成績表 1 から番号と科目の列を選択する演算は

  Project 番号, 科目 (成績表 1)

と記述され，**表 8.3** が出力となる．

表 8.3 射 影

番 号	科 目
97001	代数学
97002	論理学
97010	代数学
97015	情報処理
96120	代数学
96153	物理学

直積は，二つの表を乗じる演算である．よって，m 行 i 列の表と n 行 j 列の表の直積は，$m \times n$ 行 $i+j$ 列の表を出力する．例えば，二つの表，受講表 2 (**表 8.4**) と成績表 2 (**表 8.5**) を考えてみよう．

表 8.4 受講表 2

番 号	学 年	科 目
96120	2	代数学
96153	2	物理学

表 8.5 成績表 2

番 号	成 績
96120	85
96153	0

この二つの表の直積をとると，**表 8.6** になる．

表 8.6 直積

番号	学年	科目	番号	成績
96120	2	代数学	96120	85
96153	2	物理学	96153	0

表 8.6 では,番号の列が二つあるので,射影により一つを除去すると,表 8.7 となる。

表 8.7 成績表 3

番号	学年	科目	成績
96120	2	代数学	85
96153	2	物理学	0

和は,n 行と m 行の二つの表を合体し,$n+m$ 行の表を出力する演算である。例えば,成績表 4 (**表 8.8**) と成績表 3 (表 8.7) の和をとると成績表 1 になる。

表 8.8 成績表 4

番号	学年	科目	成績
97001	1	代数学	100
97002	1	論理学	70
97010	1	代数学	50
97015	1	情報処理	30

差は,一つの関係を満足するが,もう一つの関係を満足しないレコードを抽出し出力する演算である。A と B の差は,$A-B$ と書かれる。例えば,成績表 1 から 1 年生の成績表を取り出すための演算は

 Project　番号, 学年, 科目, 成績 (Select 学年 $= 1$ (成績表 1)) $-$

 Project　番号, 学年, 科目, 成績 (Select 学年 $= 2$ (成績表 1))

と記述され,成績表 4 が出力される。なお,関係 A と B の **共通部分** (intersection) は,つぎのように定義される。

$$A - (A - B)$$

これは，A にも B にも含まれるすべてのレコードを取り出す演算である．また，**結合** (join) は，複数の表を列の値で連結し，新しい表を取り出す演算である．

つぎに，代表的なデータベース言語である SQL の概要について説明する．初期のデータベース言語は，専門的なプログラマ用に設計されており，COBOL などのプログラムから呼び出されるものであった．しかし，関係データベースが提案され，データベースが一般ユーザにも普及するようになり，データベース言語そのものも改良されてきた．こうした中で，SQL が開発され，現在では標準的なデータベース言語の一つとなっている．SQL は，1970 年代中頃 IBM 社が開発したデータベース言語であるが，その後，急速に受け入れられるようになり，JIS や ANSI 標準のデータベース言語にもなった．SQL は，つぎの三つの言語から構成されている．

- スキーマ定義言語 (schema definition language)
- モジュール言語 (module language)
- データ操作言語 (data manipulation language)

スキーマ定義言語は，データベースのスキーマを定義する言語である．スキーマとは，データベースの構造や整合性制約の定義を行う定義文の集合である．

モジュール言語は，データベース内で用いられるモジュールを扱う言語である．同様の機能をもつものとしては**埋込み言語**があるが，これは COBOL や FORTRAN プログラム中に SQL 文を埋め込み，データベースのアクセスを可能にするための言語である．

データ操作言語は，データベース中のデータ操作を行うための言語である．SQL のデータ操作は，SQL 文で行われるが，これらは上述した関係代数の基本演算以外の多くの機能を含んでいる．

8.4 新しいデータベース

既存のデータベースは，関係データベースが中心であったが，コンピュータネットワークなどの情報処理技術の発展により，さまざまなデータを扱う必要性が高くなってきた。したがって，新しいタイプのデータベースの研究開発が進んでいる。おもなものを挙げるとつぎのとおりである。

- 分散データベース　(distributed database)
- オブジェクト指向データベース　(objtect - oriented database)
- 演繹データベース　(deductive database)
- マルチメディアデータベース　(multimedia database)

分散データベースは，分散している複数のデータベースを用いて統合化したデータベースである。1980年代後半にOracle社により開発されて以来，多くの分散データベースが商品化された。パソコンの低価格化とネットワーク技術の発展により，従来の大型コンピュータでのデータベースを分散データベースに置き換えることが可能となった。よって，大型コンピュータにかかるコストを削減することができる。また，データベースの分散化により，応答時間を短縮することもできる。さらに，安全性の面からも分散データベースは，データ源の近くに配置することができるので，トラブルの対応も容易になる。したがって，今後，分散データベースは，ネットワークの普及とともに，さらにその価値が高まると思われる。

オブジェクト指向データベースは，オブジェクト指向の考えに基づいたデータベースである。オブジェクト指向は，ソフトウェア開発の新しい理論である。基本的な考え方は，実世界を自然な形でコンピュータの世界に実現させるというものである。よって，従来のソフトウェア開発手法に比べ，生産性が向上すると考えられている。**オブジェクト** (object) とは，データとそれを記述する手続きの集まりを指す。よって，さまざまなタイプのデータやプログラムをオブジェクトとして扱うことができる。オブジェクトの型は，**クラス** (class) と呼ば

れ，さらにクラスに属する各実体は，**インスタンス** (instance) と呼ばれる。オブジェクトの働きを記述するプログラムに相当するものは，**メソッド** (method) である。複数のオブジェクトは，メッセージを交換することによって有機的に関連付けることができる。このオブジェクト指向をデータベースの世界に採り入れたのが，オブジェクト指向データベースである。よって，オブジェクト指向データベースでは，オブジェクト指向で用いられるカプセル化，集約化，継承などのデータ操作が可能となる。

演繹データベースは，論理学の立場からデータベースを理論化したものである。11章で説明するように，論理学は人工知能の理論的基礎となっている。データを述語論理式とみなせば，データベースは式の集合として記述できるので，複雑な知識も厳密に表現することができる。この意味で，演繹データベースは，**論理データベース** (logic database) とも呼ばれ，いわゆる**知識ベース** (knowledge base) の一つの形とも考えられる。演繹データベースでは，論理型プログラミング言語であるPROLOGがデータベース言語として用いられており，強力な推論機構を提供している。演繹データベースの発展形としては，人工知能で研究されている**エキスパートシステム** (expert system) が挙げられる。エキスパートシステムは，エキスパートの知識をデータベース化し，さらに推論機構を付加することにより適切な結論を出すシステムである。したがって，演繹データベースの技術は，エキスパートシステム構築にも有用であると思われる。

マルチメディアデータベースは，通常の数字や文字以外の新しいタイプのデータを含む，複数のタイプのデータを扱うデータベースである。マルチメディアデータベースでは，従来の数値や文字のほかに，図形，音，静止画，動画などがデータとして扱われる。よって，マルチメディアデータベースの導入により，データベースのユーザは急激に増加すると思われる。マルチメディアデータベースでは，マルチメディアのデータを一つのインタフェースで処理することが必要であり，前述のオブジェクト指向データベースとも密接に関連している。また，マルチメディアデータは非常に情報量が大きいので，マルチメディアデータベースは，ネットワークを利用したサーバとクライアントから構成される。す

なわち，サーバは従来のデータベース機能をもち，クライアントは各種メディアに対応するインタフェース機能をもつ。したがって，マルチメディアデータベースは，新しい形のデータベースの典型と考えられる。なお，マルチメディアの詳細については，10章で論じることにする。

9 ネットワーク

9.1 データ通信

データ通信 (data communication) は，通信回線を利用し，複数のコンピュータを接続し，端末からデータのやり取りを行うものである．データ通信を行うコンピュータシステムは，データ通信システムと呼ばれる．データ通信システムでは，データ伝送とデータ処理が行われている．データ通信の方法には，二つの種類がある．すなわち，**有線通信**と**無線通信**である．有線通信では，送信機と受信機の間の有線により信号が伝達される．受信機は，送信機からの信号をメッセージに変換する．受信者は，そのメッセージから情報を取り出し，送信機からの情報の意味を解釈する．一方，無線通信では，送信機と受信機の間は無線により信号をやり取りする．よって，送信者は，送信アンテナから電波により信号を受信者の受信アンテナに伝える．受信者はこの信号を復調し，情報を取り出し意味を解釈する．

では，データ通信システムの概要について説明する．一般にデータ通信は，つぎのような処理からなる．

- 送信側のデータ形式から通信回線の信号への変換
- 信号の送信
- 信号から受信側のデータ形式への変換

まず，送信者は，端末などの送信機からデータを送信する．送信機は，データ通信回線で用いられる電気信号に変換し，その信号を受信者へ送る．信号は，通信回線を経由し，受信機により受信される．受信者は，信号を認識可能な形式に変換する．これらの処理は，基本的には，データ伝送とデータ処理に分かれる．データ伝送とは，情報をデータ回線を用いて伝送することである．データ

回線は，ディジタル回線とアナログ回線に分類される。ディジタル回線は，ディジタル信号を伝送する回線である。アナログ回線は，アナログ信号を伝送する回線であるが，伝送されるデータはアナログ信号とディジタル信号の双方向の変換が必要である。さて，データ伝送では，つぎのような装置が用いられる。

- 端　末
- データ回線
- 終端装置
- 通信制御装置

端末は，データの入出力や送受信を行う装置であり，ターミナルとも呼ばれる。ネットワークに接続されているコンピュータが，これに相当する。データ回線は，データを送受信するための装置である。有線回線では，同軸ケーブルや光ファイバケーブルなどが，また，無線回線では，マイクロ波や光などの電磁波が，これに相当する。なお，データの伝送速度の単位としては，bps (bit per second) が用いられる。終端装置は，端末をネットワークに接続する装置であり，モデムやデータ回線交換機がある。

データ処理では，伝送されたデータが処理されるが，これはコンピュータで行われる。データ処理の方式としては，OSと同様に，実時間処理と一括処理がある。

データ通信システムは，さまざまな目的のために利用されている。まず，データの集配信がある。これは，分散したコンピュータからのデータを一つのコンピュータに集めたり，逆にデータを複数のコンピュータに配信することである。OSとの関連で述べたように，リモートバッチ処理やタイムシェアリングもデータ通信システムを介して行われる。データ通信システムによりメッセージ交換を容易に行うことができる。銀行の窓口業務，鉄道や飛行機の発券業務などは，データ通信システムによる取引処理に相当する。データベースにおける情報検索は，データ通信システムを利用した質問応答である。コンピュータにおける最も重要なデータ通信システムは，次節で論じるコンピュータネットワークである。

9.2 ネットワークの形態

複数のコンピュータを通信ネットワークで接続したシステムが，**コンピュータネットワーク** (computer network) と呼ばれる。コンピュータネットワークは，いくつかの接点とそれらを結ぶリンクで記述される。よって，コンピュータネットワークの接続方法を，形状から図 9.1 のように分類することができる。

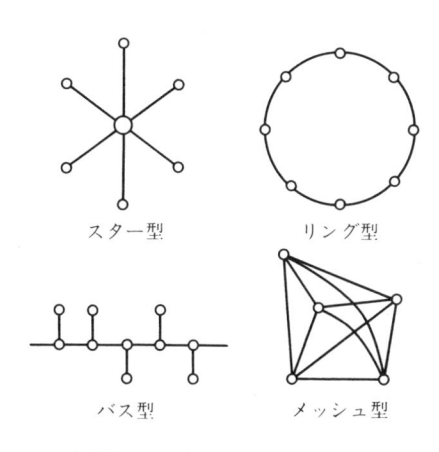

スター型　　　　　リング型

バス型　　　　　メッシュ型

図 9.1　ネットワークの形

スター型接続は，一台のコンピュータに複数の端末を接続したものであり，最も単純なネットワークである。リング型接続では，ネットワークを通じてほかのコンピュータの利用が可能な接続であり，双方向のデータの伝送も可能である。バス型接続では，単一の回線に複数の端末を接続したものである。メッシュ型接続は，ネットワーク内のコンピュータすべてにアクセスできるように接続したものである。実際のネットワークシステムは，これらの接続方法を組み合わせて構築されている。

つぎに，コンピュータネットワークをその利用方法から分類してみよう。まず，一台のコンピュータを独立した形で利用する形態は，**スタンドアロンシステム** (stand - alone system) と呼ばれる。通信ネットワークを用いて，コンピュー

タを利用する形態が，現在では一般化している。その中で，一台のホストコンピュータを複数の離れた端末から利用する形態があるが，これは**オンラインシステム** (on-line system) と呼ばれる。銀行の ATM システムや座席予約システムは，オンラインシステムの例である。さらに高度な利用方法を提供するのが，コンピュータネットワークである。コンピュータネットワークの代表例としては，つぎのようなものが挙げられる。

- ローカルエリアネットワーク　(local area network, LAN)
- ワイドエリアネットワーク　(wide area network, WAN)
- サービス総合ディジタルネットワーク　(integrated services digital network, ISDN)
- インターネット　(internet)

個々のコンピュータネットワーク例を概説する前に，ネットワークのための通信方式について述べる。コンピュータネットワーク実現の最も簡単な方法は，電話回線を用いることである。もともと電話回線は，音声などのアナログ信号の通信を目的としているため，コンピュータネットワークのためには，アナログ信号とディジタル信号の相互変換が必要となる。この変換のための変復調装置が，いわゆる**モデム** (modem) である。モデムは，パソコン通信やインターネットのための必需品であり，近年は高性能化している。電話回線は，**回線交換方式**を採用している。これは，通信相手をダイアルで選択し，接続を行うものである。したがって，複数の接続が同時に一つのコンピュータに対して行われる場合，コンピュータはユーザと同数の電話回線を提供しなくてはならない。**パケット交換方式**は，データをパケット (packet) と呼ばれる単位に分割して伝送するものである。パケットには相手の住所が書かれているため，回線の状況に基づきデータは順次相手先に送られる。

ローカルエリアネットワーク (LAN) は，会社や大学などの狭いエリアに限定したネットワークである。LAN には，幹線 LAN と支線 LAN がある。幹線 LAN としては，光ファイバケーブルを用いる **FDDI** (fiber distributed data interface) などがある。FDDI では，100 Mbps 以上の通信が可能である。一

方，支線 LAN としては，**イーサネット** (Ethernet) が広く用いられているが，通信速度は 10～100 Mbps である。LAN の構築によって，プリンタやディスクなどの資源を共有することができる。LAN の最も高度な利用方法は，クライアントサーバシステムである。クライアントサーバシステムでは，ユーザインタフェース部分である**サーバ** (server) と，要求処理を行う部分である**クライアント** (client) にプログラムが分離され，ネットワーク上でたがいに連携しながら処理を行う。なお，LAN の相互接続のためには，**ブリッジ** (bridge)，**ルータ** (router)，**リピータ** (repeater)，**ハブ** (HUB)，**ゲートウェイ** (gateway) などの接続装置が用いられる。ブリッジは，LAN に流れるデータをアドレステーブルに格納し，その格納アドレスに従い転送する LAN 間接続装置である。ルータは，異なるネットワーク間の相互接続を行う LAN 間接続装置である。ハブは，一つの LAN に複数の端末を接続するときの接続装置である。ゲートウェイは，異なるネットワーク間の相互接続のためのプロトコル交換装置である。

　ワイドエリアネットワーク (WAN) は，長距離間を結ぶネットワークであり，分散する LAN を接続したりするものである。WAN は，電話会社などが提供しており，**付加価値ネットワーク** (value added network, VAN) と呼ばれることもある。代表的な WAN としては，電話網，PHS 網，ISDN，データ伝送用ネットワークなどがある。

　サービス総合ディジタルネットワーク (ISDN) は，アナログ情報だけでなく，音声や画像などのマルチメディア情報を伝送することができるネットワークであり，**N‑ISDN** (narrow band ISDN) と **B‑ISDN** (broad band ISDN) に分類される。N‑ISDN は，電話やファクシミリを含むマルチメディア通信が可能なネットワークである。N‑ISDN としては，NTT が 1988 年に開始した **INS** (information network system) がある。B‑ISDN は，マルチメディア時代に対応した高速広域の ISDN として開発が進められている。また，将来的には，光ファイバを利用した INS の発展形である **FTTH** (fiber to the home) の計画もある。

インターネットは，世界中の大学や研究所の LAN を WAN や専用回線で相互接続したネットワークのネットワークである．インターネットは，最近急速に普及し，1997 年現在では，全世界で 1 000 万台以上のコンピュータで 1 億人以上のユーザがいると思われる．なお，インターネットについては 9.4 節で説明する．

コンピュータネットワーク構築の際，異なった種類のコンピュータをさまざまな環境で接続する必要がでてくる．よって，国際的にネットワークの規格を標準化しなければならない．現在では，ISO を中心に検討されている**開放型システム相互接続** (open system interconnection, OSI) のモデルが，一般に利用されている．OSI モデルでは，通信制御を 7 階層に分割している．また，異種間コンピュータ接続のプロトコルを規定している．さらに，マルチメディア通信システム実現のための規定も含まれている．OSI では，通信機能をつぎの七つのプロトコル層に分割し，1〜7 の番号を付けて階層化している．

- 物理層　（第 1 層）
- データリンク層　（第 2 層）
- ネットワーク層　（第 3 層）
- トランスポート層　（第 4 層）
- セッション層　（第 5 層）
- プレゼンテーション層　（第 6 層）
- アプリケーション層　（第 7 層）

物理層は，インタフェースを表すもので，通信システムの物理的条件を規定している．よって，データを bit で表現したものに関連している．データリンク層は，データ転送の制御手順を規定する．ネットワーク層は，回線経路と制御を規定する．トランスポート層は，セッション層からデータを受信し，それを宛先に送信する．セッション層は，データ送受信制御を規定する．プレゼンテーション層は，データ転送の形式などを規定する．アプリケーション層は，アプリケーションの OSI 機能へのアクセス方法を規定する．以上のように，OSI では，相互通信のための機能がモジュール化されて規定されている．

9.3 ネットワークの利用

前節で述べたように，ネットワークにはさまざまな形態があるが，ここでは代表的な利用方法のいくつかについて論じる．

- リモートログイン
- リモートデータベース
- コンピュータ資源の共有
- 電子メール
- 電子掲示板
- テレビ電話
- ファクシミリ通信
- ネットワーク OS

リモートログインは，離れた場所にあるコンピュータにログインし，遠隔操作するもので，**仮装端末**とも呼ばれる．リモートログインにより，遠隔地のコンピュータを自分のコンピュータから自由に利用することが可能となる．

リモートデータベースは，遠隔地のデータベースを利用することである．インターネットの WWW などもリモートデータベースサービスの一つである．ネットワークを構築することにより，**コンピュータ資源の共有**が可能となる．例えば，ネットワークにより複数のコンピュータから一つのプリンタを共有して使用することができる．また，ほかの場所のコンピュータ内のプログラムやデータをネットワークによって転送することができ，これは**ファイル転送**と呼ばれる．ファイル転送により，ほかのコンピュータの資源を自分のコンピュータで取り出し，自由に利用することもできる．

電子メールは，ネットワークを用いて文書を電子的に通信するものである．電子メールは，**e‐mail** とも呼ばれる．一般ユーザがホストコンピュータに接続して通信を行う**パソコン通信**も電子メールの機能をもっているが，現在では，後述するインターネットによる電子メールが一般化している．

電子掲示板 (bulletin board system, BBS) は，不特定多数の人々との通信を行うものである。電子掲示板では，サーバであるコンピュータ上の電子的な掲示板に文章やプログラムを掲載したりして，各種の情報交換ができる。

テレビ電話は，テレビを介して音声に加えて画面を提供したマルチメディア通信システムである。テレビ電話では，動画像を扱うため，その情報量は膨大であるが，最近の情報圧縮技術が応用されている。

ファクシミリ通信 (facsimile communication) は，ファクシミリ (FAX) 端末を用いて文書通信を行うシステムである。ファクシミリ通信は，一般に，リアルタイム通信の必要性はないが，詳細な情報を伝えたい場合に利用される。

ネットワークシステム構築の際には，サーバ用のコンピュータとクライアント用のコンピュータの両方でネットワークのための機能を用意しなければならない。この問題を解決するためには，ネットワーク対応用の基本機能をもつオペレーティングシステムが必要となるが，これが**ネットワークOS** (network operating system) である。Netware, LAN マネージャ，MS-WINDOWS-NT などは，代表的なネットワーク OS の例である。また，インターネット用プログラミング言語 Java のためのオペレーティングシステムである Java OS は，コンピュータのハードウェアに依存しないネットワーク OS として期待されている。

9.4　インターネット

インターネットは，現在では世界最大のネットワークであるが，もともとは 1969 年に開発されたアメリカ国防省の ARPANET が基礎となっている。1986 年には，NSF(全米科学財団) が NSFNET を開発し，アメリカ国内の大学や研究所間のインターネットを整備した。NSFNET のサポートは 1995 年に終了したが，その後は，いわゆるプロバイダによりインターネットは運営されている。そして，現在では一般ユーザや企業のコンピュータも接続されている。このインターネット技術を企業内で展開したネットワークは，**イントラネット** (intranet)

と呼ばれ，今後，注目されると考えられる．

　コンピュータネットワークの通信規約は，**プロトコル** (protocol) と呼ばれるが，インターネットでは，プロトコルとして **TCP/IP** (transmission control protocol/internet protocol) が 1983 年に採用されている．TCP/IP では，インターネットの通信システムは，つぎの四つの階層から構成される．

- ネットワークインタフェース層
- インターネット層
- トランスポート層
- アプリケーション層

つぎに，インターネット上で利用可能な機能について紹介する．

- 電子メール　(MAIL)
- 遠隔ログイン　(TELNET)
- ファイル転送　(file transfer protocol, FTP)
- 電子ニュース　(NETNEWS)
- WWW　(world wide web)

　電子メールは，インターネット上でも利用することができる．電子メールを使うと，同一文書を複数の相手に容易に送ることもできる．この機能の発展形が電子会議である．また，自分宛のメールは，世界中どこからでも自分のコンピュータにリモートログインすることにより読むことができる．また，最近の電子メールでは，**MIME** (multi - purpose internet mail extensions) と呼ばれる拡張機能によって，マルチメディアデータをメールに添付することも可能となっている．電子メールを利用するためには，そのアドレスが必要となる．そのアドレスによってユーザは，電子メールの送受信が可能となる．例えば，著者の (1998 年 6 月) 現在の電子メールのアドレスは，つぎのとおりである．

　　　akama@cn.thu.ac.jp

ここで，akama はユーザ名，@以下はアドレスのパス名である．cn はメールの送受信を行う (ホスト) コンピュータであるメールサーバ名，thu は帝京平成大

学 (Teikyo Heisei University) の頭文字，ac は大学などの学術機関，jp は国名 (Japan) の省略文字を表している。会社のアドレスのパスでは co (company) が，委員会などのアドレスのパスでは org (organization) が使われる。また，国名の省略文字は，決まったものが使われる（ただし，アメリカ国内のアドレスでは，国名のパスは省略される）。通信したい相手の電子メールアドレスを指定すれば，世界中の人と交信することができる。

遠隔ログインは，インターネット経由で遠隔地のコンピュータを操作する機能である。**ファイル転送**は，インターネットに接続しているコンピュータ間でプログラムやデータを転送する機能である。**電子ニュース**は，不特定多数の人々の間の通信として用いられ，各種の情報を流している。

WWW は，ハイパーテキストによる情報検索と発信を目的としたサーバであり，ヨーロッパの原子核研究所 (CERN) で開発された。ハイパーテキストとは，文字，絵，表などを画面として扱い，さまざまな関連付けのアクセスが可能なソフトウェアであり，マルチメディア情報表現の基礎となっている。WWW では，誰でもマウスを用いて簡単にさまざまな情報にアクセスすることができる。現在では，WWW はインターネットで最も利用されているアプリケーションと思われる。WWW では，WWW ブラウザ（クライアント）と WWW サーバによって通信が行われている。WWW ブラウザとしては，イリノイ大学で開発された Mosaic が有名である。インターネットの WWW で使用されている通信プロトコルは，**HTTP** (hypertext transfer protocol) と呼ばれている。WWW のユーザは，WWW ブラウザを操作し，サーバにハイパーテキスト形式の情報を転送させ，パソコンなどの端末上で表示させ，必要な情報を得ることができる。現在では，さまざまな会社や個人が，いわゆるホームページを作成しているので，WWW 上でアクセス可能である。これらのホームページのアドレスは，**URL** (universal resource locator) と呼ばれるが，一般には

　　　http：//サーバ名/ファイル名

の形をしており，Internet Explorer や Netscape Navigator などのインターネッ

ト用ソフトウェアによって容易にアクセスすることができる。よって，WWW は，インターネット上に構築された世界規模の分散データベースとも考えられる。なお，WWW を代表とするインターネットの各アプリケーションは，次章で論じるマルチメディアの最新技術により現在も改良されている。

9.5　セキュリティとEコマース

セキュリティ（security）は，インターネットの情報の機密性，完全性，可用性を維持するための技術である。ここで，情報の機密性は，許可されていない人間などに対して情報を非公開または使用不可能にすることである。情報の完全性は，情報の内容の正確性および完全性を保護することである。また，情報の可用性は，許可された人間などの要求に対してアクセスおよび使用が可能であることである。なお，これら三つは情報セキュリティの三大要素ともいわれる。

インターネットの普及とともに，セキュリティの重要性も高くなってきている。なぜならば，システムの外部（または内部）からの不法侵入による不正アクセスが行われると，情報の秘匿性の喪失，データの窃盗および改ざん，サービスの窃盗，プライバシーの侵害，サイバーテロなどの問題が発生する可能性があるからだ。

インターネットにおいて外部からの不正アクセスを防ぐ方法としては，外部者の接続を禁止する**ファイアーウォール**（firewall）がある。また，各種のインターネットサービスの安全性を保護する方法としては，**パスワード**（password）の使用がある。そして，電子メールなどのメッセージのセキュリティで大きな役割を果たすのが，**暗号**（cryptography）である。

暗号は，情報を秘匿するための技術として開発され軍事用に利用されてきた。近年では，暗号理論はセキュリティなどのコンピュータ技術にも応用されている。暗号では，平文といわれる元の文は暗号化により暗号文といわれる別の文に変換される。また，暗号文から平文への復号化は**鍵**（key）といわれる情報を使用して行われる。暗号方式には，基本的に，鍵を公開するかにより，

秘密鍵暗号と公開鍵暗号がある．現在では，公開鍵暗号の代表的な暗号である**RSA**が情報システム用の暗号として利用されている．

　暗号の応用例としては，暗号メールなどのメッセージの暗号化のほかに，**認証**（identification）といわれる技術がある．認証とは，ネットワーク上の通信相手が本人であるかどうかを確認するものであり，本人へのなりすましや否認などを防止することができる．

　インターネットを用いた電子的な商取引は，**E コマース**（E-Commerce）といわれ，決済などに暗号技術が利用されている．E コマースの形態には，「B to B」（企業間），「B to C」（企業対消費者），「C to C」（消費者間）がある．よって，オンラインショッピングは「B to C」，ネットオークションは「C to C」の取引である．

　E コマースの決済の方式には，**SSL** や **SET** などがあり，暗号を使用した安全な決済が行われる．また，貨幣価値をディジタルデータとして表現した**電子マネー**も使用されている．今後，E コマースはあらゆるビジネスにおいて重要な位置を占めると考えられる．

10 マルチメディア

10.1 マルチメディアの種類

マルチメディア (multimedia) とは，複数の異なる媒介により表現される総合的な情報を意味する．いままでの情報処理では，数値や文字が情報として扱われていたが，マルチメディアでは，さらに音声，画像，映像などの多様な情報が扱われる．ディジタル技術の急速な発展により，マルチメディアは情報化社会における重要な技術となっている．しかし，現在，マルチメディアの概念は広範であり，かつあいまいであるため，その包括的な説明は非常に困難であると思われる．本章では，マルチメディアに関する基本的な事柄に焦点を当て説明を行う．

マルチメディアを統一的に解釈するためには，つぎの三つの技術の統合と考えるのが最も自然である．

- コンピュータ (computer)
- 通信 (communication)
- 映像 (visual image)

マルチメディアは，コンピュータ，通信，映像の三つの技術を組み合わせることによって実現される．よって，これらの三つの頭文字を取り **CCV** と呼ばれることもある．また，これらの根底にある基礎技術は，ディジタル技術にほかならない．

コンピュータは，近年，ハードウェア性能が急速に向上し，またネットワークにより分散処理や並列処理が可能となった．これらの事実は，コンピュータの処理能力を飛躍的に高め，マルチメディア処理に対応する計算が可能となった．通信は，ディジタル化によりディジタル通信が一般化されつつある．マルチメ

ディア処理では，情報量の多い静止画像や動画像の伝送が必要なため，ディジタル通信は必要不可欠である。さらに最近では，光通信，衛星通信，移動体通信などの新しい通信技術も確立されてきた。また，マルチメディア情報は，ディジタル化しても膨大な情報量をもつので，高速処理を行うためには圧縮技術も重要となる。映像は，テレビ技術を基礎としており，ディジタル化によるディジタル放送も実用化に向かっている。また，映像のディジタル化は，CD-ROMによる映像ソフトの流通にも役に立っている。以上のように，マルチメディアは，コンピュータ，通信，映像の三つのメディアをディジタル技術を用いて，統合化したものである。

では，つぎにマルチメディアで用いられる機器について説明する。コンピュータのマルチメディア対応では，以下のような周辺機器が必要となる。これらの中のほとんどは，昔から使われているものである。

- キーボード
- マウス
- ディスプレイ
- プリンタ
- ビデオカメラ
- ディジタルビデオカメラ
- イメージスキャナ
- ディジタルビデオディスク (DVD)

キーボード，マウス，ディスプレイ，プリンタは，現在ではパソコンの必需品となっている。**ビデオカメラ** (video camera) は，被写体の映像と音声を電気信号として記録し，再生する機器である。**ディジタルビデオカメラ** (digital video camera) は，映像と音声をディジタル信号として記録し，ディジタル出力する機器である。パソコンに接続することで，画像データをディジタル出力することもできる。**イメージスキャナ** (image scanner) は，写真や印刷物をディジタル情報に変換する入力装置である。**ディジタルビデオディスク** (digital video disc, DVD) は，直径 8 cm (または 12 cm) の円盤に音声，映像データをディジ

タル情報として記録し，再生する装置である．DVDには，再生専用と録音再生の2種類がある．

つぎに，通信機器について説明する．前述のように，通信には有線通信と無線通信があるが，以下のような機器が使われる．

- CATV
- テレビ会議システム
- マルチメディア通信会議システム
- カーナビゲーションシステム
- 移動体通信システム
- 携帯電話
- ケーブル

CATV (cable TV system) は，ケーブルを利用したTVシステムである．CATVでは，地上波や衛星波の送受信を行う基地局を中心にケーブルによりユーザに映像サービスが行われる．従来のCATVは，テレビ番組の放送を中心とした片方向のサービスが中心であったが，最近では双方向のCATVも登場し，多チャンネル化やビデオオンデマンドなどの多様なサービスが提供されるようになっている．

テレビ会議システムは，テレビを利用した遠隔会議システムである．テレビ会議システムでは，人の声はマイクとスピーカーにより処理され，人の顔はビデオカメラとモニタにより処理される．最近，多くの企業でテレビ会議システムが導入されている．さらに，テレビ会議システムの考え方を一般化したマルチメディア情報の双方向伝送による会議システムは，**マルチメディア会議システム**と呼ばれる．

カーナビゲーションシステムは，自動車の現在の位置を正確に表示するシステムである．カーナビゲーションシステムは，GPS (global positioning system) アンテナで人工衛星からの位置情報を受信し，マッピングシステム (map matching system) で地図ディスクの情報を解析し，車の位置と進行方向を決定する．なお，GPS電波の届かない場所では，自己航法システム (self-navigation system)

が，速度センサとジャイロセンサから車の位置を計算する。

移動体通信システムは，移動しながら電波の交信を行う無線システムであり，自動車電話などに応用されている。移動体通信システムは，移動局，移動基地局，交換機局から構成される。車などの移動局は，電波の届く場所の移動基地局を呼び出し，無線接続を行う。つぎに，移動基地局と交換機局の接続が行われる。交換機局は，外部の公衆通信網と接続されているので，この段階で通常の通信が可能となる。

携帯電話は，半径 1～20 km の範囲で使用可能な電話である。携帯電話から電話をかけると，まず移動基地局が電波を受信し，交換センター経由で一般公衆電話に接続される。なお，半径 100 m～約 1 km の範囲で使用可能な携帯電話は，**PHS** (personal handy phone system) または**簡易携帯電話**と呼ばれる。また最近では，携帯電話とノートパソコンを使った無線通信を中心とした，いわゆるモバイルコンピューティングがビジネスの世界でも注目されている。

ケーブルは，有線通信のための基本的な機器であるが，**同軸ケーブル**と**光ケーブル**に分類される。同軸ケーブルは，内部導体に銅線を外部導体に銅テープを用い，それらの間に絶縁体を埋め込んだものである。光ケーブルは，光ファイバを複数束ねたものであり，レーザ光による通信を可能にした。光ケーブルは光通信の基礎となるが，大量の情報を高速に伝送することができるので，マルチメディアネットワークへの利用も検討されている。

10.2 マルチメディア技術

マルチメディアの基礎は，ディジタル技術である。本節では，マルチメディア情報がいかにして処理されるかを解説する。マルチメディア情報は，まずアナログ信号からディジタル信号に変換される。この操作は，**ディジタル化** (digitalization) と呼ばれる。コンピュータの計算は，本質的にディジタルであるので，ディジタル化によって音声や画像などのマルチメディア情報の処理が容易になる。また，ディジタル信号は雑音の影響を受けにくく，雑音の除去も可能である。こ

れらの点から，ディジタル技術は，マルチメディア情報処理において主要な役割を果たしている．

画像などのマルチメディア情報は，アナログ信号として表現されるが，つぎのような処理を経てディジタル信号に変換され，通信される．

- 標本化 (sampling)
- 量子化 (quantization)
- 符号化 (coding)

送信側では，これらの逆の処理によりアナログ信号として情報を扱う．さて，アナログ信号は，電圧の大きさの変化で連続値として情報を表現するものである．一方，ディジタル信号は，電圧を0と1の不連続な離散値として情報を表現する．アナログ信号からディジタル信号への変換は，**A/D 変換** (analog to digital conversion)，またディジタル信号からアナログ信号への変換は，**D/A 変換** (digital to analog conversion) と呼ばれる．

さて，アナログ信号には，A/D 変換の前に**標本化**と**量子化**と呼ばれる前処理が行われる．標本化は，信号の時間方向への離散化であり，量子化は，振幅方向への離散化である．すなわち，標本化により一定周期ごとの電圧を取り出し，信号を近似する．いわゆる**標本化定理** (sampling theorem) より，入力信号の最大周波数を $f_{\max}$，標本化周波数を f_s とすると，$f_s = 2f_{\max}$ より大きい周波数で標本化すれば，ひずみのない信号を再現できることが知られている．音声は，時間に関する1次元信号であるので，時間軸上で標本化が行われる．これに対し，画像は，平面に関する2次元信号であるので，平面上で標本化が行われる．音声も画像もフーリエ変換により複数の正弦波に分解することができる．画像をディジタル化した標本は，特に**画素** (picture element) と呼ばれる．標本化によって元の信号の波形は変化する．よって，量子化により，各標本値をいくつかの値に対応させることが必要になる．すなわち標本値は，事前に用意されている有限個の代表値のいずれかに対応させられる．その後，各量子化された値に0または1の符号を与える**符号化**を行い，A/D 変換は終了する．なお，代表的な符号化の方法としては，**Huffman 符号化** (Huffman coding) や**算術符**

号化 (arithmetic coding) が知られている。さらに，**情報圧縮** (compression) により冗長な信号を除去し，圧縮信号に変換して送信する。

一般に，送信する前に信号は，つぎのような雑音の除去の処理が行われる。

- 暗号化 (enciphering)
- 多重化 (multiplexing)
- 誤り検出 (error detecting)
- 訂正 (correction)
- 変調 (modulation)

暗号化は，送信者が受信者に情報を送信するとき，途中で情報を取られないための処理である。送信者は，暗号化キーにより暗号化し，受信者は，暗号文を複号キーにより解読する。暗号化は，セキュリティの観点からも非常に重要である。**多重化**は，符号化ビット列を集め，一つのビット列に変換する作業である。多重化には，パケット多重化とストラクチャ多重化がある。**誤り検出**と**訂正**は，ディジタル情報伝送時の誤りの検出と訂正を行うもので，これら二つは通常一組で考えられる。伝送情報に余分なビットを付加し，受信者は誤り検出・訂正符号を基に検出と訂正を行う。**変調**は，情報を正弦波に乗せ，伝送路の特性に従い信号変換を行い，信号を効率的に伝送するものである。以上のような処理を行い，マルチメディア情報をディジタル信号として伝送することが可能となる。

前述のように，情報圧縮は，マルチメディア情報処理のためのもう一つの重要な技術である。従来の文字や数字などから構成されるテキストデータの情報量は，それほど大きくなかったので，フロッピーディスクやハードディスクで処理可能であった。マルチメディアの普及とともに，音声や画像などのマルチメディアデータ処理の必要性がでてきた。しかし，これらのマルチメディアデータをディジタル化すると，非常に大きな情報量をもつことになる。したがって，マルチメディアを高速に伝送するためには，情報圧縮が不可欠となる。

情報圧縮とは，標本化および量子化されたディジタル標本列を，元の信号の情報量以下でその信号を再現できる変換（圧縮）である。情報圧縮は，可逆符

号化と不可逆符号化の二つの手法に分類される. 前者は, 圧縮データから元信号を完全に再現することが可能なものであり, 後者は, 再現信号にひずみが含まれるものである. 後者は, 前者に比べ高い圧縮率でデータの圧縮が可能であるため, 画像や音声データの圧縮に利用されている. さて, 代表的な情報圧縮法としては, 以下のようなものがある.

- エントロピー符号化 (entropy coding)
- 差分符号化 (differential pulse code modulation, DPCM)
- サブバンド符号化 (subband coding)
- DCT 符号化 (discrete cosine transform)

エントロピー符号化は, 可逆符号化の一つであり, 生起確率が独立である情報源を可変長符号化する. **差分符号化**は, エントロピー符号化の一種とも考えられるが, 入力符号の標本値列の中の隣り合う二つの標本値の差分信号を取り, 量子化および可変長符号化を行い, 最終的に補正により元信号を再生するものである. **サブバンド符号化**は, 入力信号を低周波成分と高周波成分に分割し, それぞれを符号化し, 多重化により元信号を再生するものである. **DCT 符号化**は, 2 次元直交変換に基づく圧縮法であり, 特に画像データの圧縮に適している.

10.3 コンテンツ

マルチメディアは, 従来の文字や数値などのデータに加えて, 音声や画像などのデータを扱う媒体である. よって, マルチメディアの分野で最も有望な分野は, **音声処理** (speech processing) と **画像処理** (image processing) である. なお後者は, **コンピュータグラフィックス** (computer graphics) とほぼ同義に用いられているようだ. このように, マルチメディアでは, 情報はさまざまな形で表現される. マルチメディアによる情報表現は, **コンテンツ** (contents) と呼ばれる. コンテンツは, コンピュータにおけるソフトウェアに対応するものである. すなわちコンテンツは, マルチメディアのサービス内容を示している. よっ

て，マルチメディアの価値は，コンテンツにより決定されると考えてもよい。

本節は，コンテンツの種類とコンテンツを作成する**オーサリング**（authoring）の概要について論じる。オーサリングの機能を提供するソフトウェアは，オーサリングツールと呼ばれる。まず，コンテンツの素材としては，以下のようなものが考えられる。

- テキスト
- 音声
- 静止画像
- 動画像
- マルチメディア文書

テキストは，文字から構成されるデータであり，従来からコンピュータで処理されていたデータである。テキストは，人間によりエディタやワープロで作成，編集が行われる。しかし最近では，大量のテキストデータ（例えば，印刷物など）をコンピュータへ入力する場合には，OCR（optical character reader）が利用されている。書類などをテキストに変換すれば，電子ファイリングが可能となる。

音声は，マイクなどのオーディオ機器からアナログ信号として入力され，ディジタル信号に変換される。近年では，パソコンにもサウンドボードが内蔵されており，音声処理が可能となっている。音声データのディジタル化には，**PCM**（pulse code modulation）がしばしば用いられる。PCMでは，アナログ信号をある時間間隔で標本化し，その時点での信号をディジタルデータに変換する。音声データの編集方法としては，**ミキシング**（mixing），**フェードイン**（fade-in），**フェードアウト**（fade-out）などがある。音声のフォーマットとしては，**WAV，MP3，RealAudio，AU，MIDI** などがある。

静止画像には，平面的なものと立体的なものがあるが，前者は**イメージスキャナ**で入力され，後者は**ディジタルスチルカメラ**で入力される。静止画像のフォーマットとしては，**JPEG**（joint photographics experts group），**GIF**（graphics interchange format），**BMP**（bit map）などがある。JPEGは，非

常に圧縮率の高いフォーマットである。GIFは，インターネット上で用いられている画像圧縮フォーマットである。BMPは，WINDOWSの画像フォーマットで，**ビットマップファイル**とも呼ばれるが，圧縮はされていない。イメージスキャナは，写真や絵などの平面静止画像のコンピュータへの入力のために利用される。ディジタルスチルカメラは，撮影した映像をカメラの内蔵メモリにJPEG形式で圧縮データとして記録する。画像データは，パソコンに接続することにより専用ソフトウェアで編集される。静止画像の編集としては，拡大，縮小，回転，変形などがある。

　動画像は，ディジタルビデオカメラまたはディジタルビデオとビデオキャプチャーカードで入力される。ディジタルビデオカメラは，映像と音声をディジタル信号で記録する。また，ディジタルインタフェースカードに接続すれば，画像をパソコンの画面上に表示することができる。通常のビデオカメラから動画像入力を行うためには，ビデオカメラのビデオ出力端子をパソコンに内蔵されているビデオキャプチャーカードの入力端子に接続する。さて，動画像の情報量は非常に多いので，入力時に圧縮して処理を行う。動画像のフォーマットとしては，**MPEG** (moving picture experts group)，**Motion-JPEG**，**AVI** (audio visual interleaved)，**WMV**，**RM** などがある。

　コンピュータグラフィックス (computer graphics, CG) は，コンピュータによって人工的に作られた画像処理を示す場合もある。最近のCG技術は非常に高度であり，実写と区別が難しいCGもある。また，CGは芸術作品の制作にも利用されている。CGには，基本的に2次元CGと3次元CGがある。**アニメーション** (animation) もCGに関連する技術であるが，基本的には，複数の静止画像を連続表示させ，動画像を表示するものである。

　マルチメディア文書 (multimedia document) は，文字，グラフィックス，静止画像などがディジタル的に統合化された文書である。マルチメディア文書は，マルチメディアが一つのディジタルデータに含まれるので，従来の文書に比べ情報量が多い。マルチメディア文書のフォーマットとしては，**ODA** (office document architecture) が知られている。

10.4 マルチメディアの応用

マルチメディア技術の急速な発展により，マルチメディアの応用の可能性は非常に高くなってきた．ここで，その中からいくつかについて説明する．

- ハイパーテキスト (hypertext)
- ハイパーメディア (hypermedia)
- CAI (computer aided instruction)
- ディジタル図書館 (digital library)
- 電子出版
- 電子新聞
- ゲーム
- 画像処理

ハイパーテキストは，テキストデータ間にリンクを張り，関連付けを行うデータ表現形式である．ここで，該当データがマルチメディアデータの場合，**ハイパーメディア**と呼ばれるが，これはWWWで用いられているマルチメディアの表現形式である．ハイパーメディアによって，インターネット上でテキスト，音声，画像などマルチメディア情報を得ることができる．一般に，ハイパーメディアは，**HTML** (hypertext markup language) によって記述されている．しかし，HTMLでは動画像の記述に適さないので，最近では6章で紹介したプログラミング言語Javaが注目されている．JavaはOSに依存せず，その実行環境がWWWブラウザ上にあるので，インターネット用のプログラミング言語であると考えられる．また，最近ではHTMLの拡張である**XML** (extensible markup language) も汎用的な言語として利用されている．

CAIは，コンピュータを利用した学習システムであり，従来から研究開発が行われていた．マルチメディアの発達により，CAIもネットワークを利用した学習指導やCD-ROMの教材配布などが可能となり，CAIの価値も高まっている．さらに，大学などの教育機関でも積極的にマルチメディアを活用する傾向にあり，マルチメディアが将来的に教育の概念を大きく変える可能性もある

と考えられる。

ディジタル図書館は，書物だけでなくテキスト，画像，音声などのマルチメディアを集めてユーザに従来の図書館と同様のサービスを行うものである。よってユーザは，自宅のパソコンから読みたい本を検索し，閲覧することができる。ディジタル図書館実現のためには，書物のディジタル化が必要となる。しかし，ディジタル図書館は，未来の図書館の理想像として注目されている。

電子新聞は，新聞を電子化し，インターネットのWWW上からニュースを提供するものである。現在では，多くの新聞社が電子新聞のサービスを行っている。さて，新聞業界では，従来から編集作業の電子化が進んでいたが，紙の利用によるコストを電子化により削減することも可能となる。さらに，ディジタル衛星放送を利用した新聞紙面のイメージデータとしての送信サービスの計画も進められている。

電子出版は，本として出版されている情報を電子メディアによって提供するものである。すでに出版会社では，いわゆる**CTS** (computerized typesetting system) により出版作業の電子化が進んでいる。したがって，CD‐ROMによる電子出版は自然な流れともいえる。特に，辞書などのCD‐ROM化やコンピュータ関連の本へのサンプルプログラムなどのCD‐ROMとしての添付は，しばしばみられるようになっている。電子出版では，従来の紙での出版に比べ付加価値を容易に加えることが可能であるので，今後，電子出版は普及すると思われる。

ゲームは，マルチメディアの応用が可能である。現在，ゲームには，テレビゲーム，コンピュータゲーム，アーケードゲームがあるが，いずれもマルチメディア技術の向上により，さらに楽しく遊べるようになっている。例えば，高度なCG技術は，ゲームの品質を向上させ，臨上感も増している。また，ネットワークを利用した対話型ゲームも登場している。ゲームには，今後もマルチメディアの最新技術が採り入れられると思われる。

画像処理は，最も応用範囲の広いマルチメディア技術である。高度な画像処理技術は，建築や土木の分野でも利用されている。3次元CADは，立体のさま

ざまな視点からの表現を可能にするため，建築設計の効率化に役に立っている。さらに，画像処理機能をもったロボットの開発により，より安全で生産性の高い工場生産自動化 (FA) を可能にする。医学の分野でも，画像処理技術は，例えば患部を映像化する，いわゆる **CT** (computer tomography) などに応用されている。CG 技術を利用し，仮想的に画像を表示する**仮想現実** (virtual reality, VR) も今後の新しい応用として期待されている。これについては 12 章で再び採り上げることにする。

11 人工知能

11.1 人工知能の研究分野

人工知能 (artificial intelligence, AI) は，人間の知的活動をコンピュータにより人工的に実現させることを研究する分野である．歴史的には，1956年のアメリカのダートマス大学で Minsky が最初に人工知能という用語を提案し，その研究が開始された．人工知能では，人間の知能の自動化を目標としているわけであるが，コンピュータサイエンスとして考える立場と認知科学として考える立場が存在する．前者は，人間の知的情報処理を数学的に形式化して人工知能システムの構築を目指している．一方，後者は，コンピュータを利用して人間の知能を研究するものである．これらの二つの立場は，人工知能研究の重要なパラダイムであるが，現在では両方がたがいに影響し合い研究が進んでいる．

ではつぎに，人工知能の主要な研究分野について説明する．人工知能の研究対象は，人間の思考にかかわるすべての活動であるが，研究分野としては，つぎのようなものが挙げられる．

- 自動定理証明
- 知識表現
- 自然言語処理
- 学習
- エキスパートシステム
- 画像処理
- ロボット
- 自動プログラミング

ここで挙げたものは，おもなものであり，もちろんすべてではない．なお最近

では，人工知能を工学的に研究する**知識工学** (knowledge engineering) という用語も用いられるようになった。**自動定理証明** (automated theorem - proving) は，コンピュータに数学の定理を自動的に証明させる分野であり，人工知能の初期の研究の中心テーマであった。自動定理証明の分野を人間の推論一般に拡張した分野は，**自動推論** (automated reasoning) と呼ばれており，後述するPROLOGは，人工知能プログラミングのために設計されたプログラミング言語である。自動推論は，人工知能で最も重要とされる**問題解決** (problem solving) の基礎となっている。

知識表現 (knowledge representation) は，コンピュータ内でわれわれのもつ知識をいかに表現するかを研究する分野である。人間の知識は非常に複雑であるが，効率的に表現する必要がある。知識表現で用いられる言語は，**知識表現言語** (knowledge representation language) と呼ばれる。

自然言語処理 (natural language processing) は，コンピュータに自然言語を自動的に処理させるものである。言語理解は，人間の基本的な知的活動であり，また人工知能システム構築のために必須の条件である。ある言語（例えば英語）をほかの言語（例えば日本語）に自動的に翻訳するいわゆる**機械翻訳システム** (machine translation system) も自然言語処理システムの一つである。

学習能力は，人工知能システムには不可欠と考えられている。**学習** (learning) は，いくつかのデータから一般的な規則を構築する作業である。一般に，学習は，**帰納的推論** (inductive inference) として形式化される。最近では，類推などほかの学習法の研究も進められている。

エキスパートシステム (expert system) は，専門家の知識をシステム化したもので，いくつかのエキスパートシステムは製品化された。エキスパートシステムは，専門家の知識を知識ベース化し，推論機構を追加したコンピュータシステムと考えられる。医者と同様に患者を診断するエキスパートシステムMYCINなどが有名である。エキスパートシステムは，人工知能を限定的にシステム化したものとして成功しているが，人工知能の最終的な目標レベルには達していない。

画像処理 (vision) は，10章で論じたマルチメディアにおける画像処理を人工知能の手法で行うものである。一般に，画像認識に要する計算は非常に複雑であるので人工知能的な計算が必要となってくる。このような観点から画像や音声をあるパターンとして認識し，何を表現するかを識別する理論の研究も行われており，**パターン認識** (pattern recognition) と呼ばれている。

ロボット (robot) は，人間の代用となるような知能をもった自動機械である。現在，工場などでは産業ロボットが活躍しているが，人間の知的活動をすべて行うわけではない。より知的なロボットを開発するためには，人工知能のほかの分野 (例えば自然言語処理や画像処理など) の成果を応用しなければならない。なおロボットは，人工知能の集大成とも考えられる。

自動プログラミング (automated programming) は，コンピュータがわれわれの要求に従い自動的にプログラミングを行うことであり，ソフトウェアの世界の最終的な課題とも考えられる。しかし，ソフトウェア工学的なアプローチは，必ずしも成功していないのが実情であり，人工知能的なアプローチに基づく自動プログラミングの研究に期待がよせられている。

以上，人工知能の主要な研究分野を紹介したが，これですべてではない。ほかの分野としては，**ゲーム** (game) や**プランニング** (planning) が挙げられる。コンピュータに自動的にチェスなどのゲームを行わせることは昔から研究されていたが，基本的には，自動推論におけるサーチの問題がポイントとなる。プランニングは，問題解決のプランを自動的に生成する問題であり，ロボットの実現の重要なポイントの一つである。

11.2 述語論理と論理プログラミング

前節で論じたように，自動推論技術は人工知能システム開発のために確立すべきものである。**推論** (reasoning) とは，事実からある結論を導くことである。推論は，数学などで用いられる**形式推論** (formal reasoning) と，われわれが日常行っている**常識推論** (common - sense reasoning) に区別される。形式推論は，

いわゆる論理学で研究されているが、人工知能のためには常識推論を形式化しなくてはならない。形式推論の自動化は、人工知能の研究に有用であると考えられてきた。なぜならば、形式推論は19世紀後半から論理学で十分研究されていたからである。したがって、自動推論の中でも自動定理証明が1950年代後半から活発に研究されている。

人間の知識を厳密に記述するためには、論理言語を記述言語として利用することが考えられる。しかし、知識表現のためには、3章で解説した命題論理では不十分であり、**1階述語論理** (first-order predicate logic) が少なくとも必要となる。理想的には、さらに複雑な論理システムである**高階論理** (higher-order logic) が必要であるが、自動推論には適していないことが知られている。

1階述語論理 (FOL) は、単に述語論理と呼ばれこともあるが、19世紀後半にFregeによって提案された論理システムである。FOLは、命題論理PCの拡張であり、対象の性質や関係に言及することができる。よって、人工知能用の形式言語として利用可能であり、自動定理証明でその自動化が中心課題となったわけである。FOLは、PCに二つの**量化子** (quantifier)、すなわち**全称記号** (universal quantifier) $\forall$ と**存在記号** (existential quantifier) $\exists$ を追加した論理システムである。量化子に関連して、FOLでは、**述語** (predicate) や**変数** (variable) などの新しい概念が導入される。

述語論理FOLの言語Lは、変数$x, y, z, \cdots$、定数$a, b, c, \cdots$、関数記号$f, g, h, \cdots$、および論理記号$\neg, \&, \lor, \rightarrow, \forall, \exists$から構成される。**項** (term) は、変数、定数、または$f(t_1, \cdots, t_n)$である。ただし、fはn変数関数記号、$t_1, \cdots, t_n$は項である。**原子式** (atomic formula) は、$A(t_1, \cdots, t_n)$の形である。ただし、Aはn変数述語記号、$t_1, \cdots, t_n$は項である。**式** (formula) は、つぎのように定義される。

(1) 原子式は式である。
(2) A, Bが式であれば、$\neg A, A \& B, A \lor B, A \rightarrow B$も式である。
(3) Aが式でxが変数ならば、$\forall x A$と$\exists x A$も式である。

式$\forall x A$（または$\exists x A$）において量化子の作用する式、すなわちAは量化子

の **範囲** (scope) と呼ばれる．式 $A(x)$ において，変数 x は A に出現するが，出現が量化子の範囲にあるならば **束縛** (bound) されているといい，そうでなければ **自由** (free) であるという．式 QxA ($Q = \forall$ または $\exists$) において，A に束縛されている変数は **束縛変数** (bound variable)，自由な変数は **自由変数** (free variable) と呼ばれる．なお，自由変数を含まない式は **閉式** (closed formula) と呼ばれる．

例 11.1
文 (1), (2), (3) は，FOL では (4), (5), (6) のように表現される．
(1) ソクラテスは，人間である．
(2) すべての人間は，必ず死ぬ．
(3) ある女が走る．
(4) $man(socrates)$
(5) $\forall x(man(x) \rightarrow mortal(x))$
(6) $\exists x(woman(x) \& run(x))$

全称記号と存在記号は，つぎの定義からたがいに定義可能である．

$\forall x A =_{def} \neg \exists x \neg A$

$\exists x A =_{def} \neg \forall x \neg A$

FOL のモデル理論は，**領域** (domain) と **解釈** (interpretation) を用いるが，PC のモデル理論の一般化となっている．FOL のモデル M は，対 (D, I) で表される．ここで，D は空でない集合であり，領域と呼ばれる．また，I は記号に意味を与える解釈関数であり

$$\text{任意の定数 } c \text{ について} \quad I(c) \in D$$

$$\text{任意の } n \text{ 変数関数記号 } f \text{ について} \quad I(f) : D^n \rightarrow D$$

$$\text{任意の } n \text{ 変数述語記号 } A \text{ について} \quad I(A) \subseteq D^n$$

を満足する．よって，定数は D のある要素，n 変数関数記号は D^n から D への

関数，n 変数述語記号は D 上の n 項関係と解釈される。

モデル $M = (D, I)$ における割当ては，変数の集合から領域 D への関数 v として定義される。すなわち，割当ては変数に領域の要素を値として割り当てるものである。つぎに項 t に対して，割当て v のもとで D の値を以下のように与える。

$$I_v(c) = I(c)$$

$$I_v(x) = v(x)$$

$$I_v(f(t_1, \cdots, t_n)) = I(f)(I_v(t_1), \cdots, I_v(t_n))$$

最後に，FOL の任意の式 A について，割当て v のもとで真理値 $I_v(A)$，すなわち T または F をつぎのように与える。

(1) 原子式 $A(t_1, \cdots, t_n)$ に関して

$$I_v(A(t_1, \cdots, t_n)) = \text{T} \Leftrightarrow \langle I_v(t_1), \cdots, I_v(t_n) \rangle \in I(A)$$

$I_v(A(t_1, \cdots, t_n)) = \text{F}$　（その他の場合）

$I_v(true) = \text{T}$

$I_v(false) = \text{F}$

(2) $I_v(\neg A) = \text{T} \Leftrightarrow I_v(A) = \text{F}$

$I_v(\neg A) = \text{F}$　（その他の場合）

(3) $I_v(A \,\&\, B) = \text{T} \Leftrightarrow I_v(A) = I_v(B) = \text{T}$

$I_v(A \,\&\, B) = \text{F}$　（その他の場合）

(4) $I_v(A \lor B) = \text{T} \Leftrightarrow I_v(A) = \text{T}$ または $I_v(B) = \text{T}$

$I_v(A \lor B) = \text{F}$　（その他の場合）

(5) $I_v(A \to B) = \text{T} \Leftrightarrow I_v(A) = \text{F}$ または $I_v(B) = \text{T}$

$I_v(A \to B) = \text{F}$　（その他の場合）

(6) $I_v(\forall x A) = \text{T} \Leftrightarrow$ すべての割当て v' に関して

$I_{v'}(A) = \mathrm{T}$　　(v'は変数 x 以外では v と同じ)

$I_v(\forall x A) = \mathrm{F}$　　(その他の場合)

(7)　$I_v(\exists x A) = \mathrm{T} \Leftrightarrow$ すべての割当て v' に関して

$I_{v'}(A) = \mathrm{T}$　　(v'は変数 x 以外では v と同じ)

$I_v(\exists x A) = \mathrm{F}$　　(その他の場合)

式 A がモデル $M = (D, I)$ で**真** (true) であるのは，すべての割当て v において $I_v(A) = \mathrm{T}$ であるときである．式 A が**妥当** (valid) であるのは，A がすべてのモデルで真であるときであり，$\models A$ と書かれる．

ではつぎに，FOL の Hilbert システムについて説明する．FOL の Hilbert システムは，PC の Hilbert システムに量化子に関する公理と推論規則を追加したものである．

FOL の Hilbert システムの公理と推論規則

公理

VI　量化子

(1)　$\forall x A(x) \to A(t)$

(2)　$A(t) \to \exists x A(x)$

推論規則

(UG)　$\vdash A \to B(b) \Rightarrow \vdash A \to \forall x B(x)$

(EG)　$\vdash A(a) \to B \Rightarrow \vdash \exists x A(x) \to B$

ここで，公理 VI (1), (2) の t は任意の項を表す．また，(UG) は**全称化** (universal generalization)，(EG) は**存在化** (existential generalization) と呼ばれる．なお，項 a, b は，それぞれ A, B に現れないものとする．

例 11.2

$\vdash \forall x A(x) \to \exists x A(x)$

(1) $\vdash \forall x A(x) \to A(t)$
　　 (VI(1))

(2) $\vdash (\forall x A(x) \to A(t)) \to ((A(t) \to \exists x A(x)) \to (\forall x A(x) \to \exists x A(x)))$
　　 (I(3) : $A = \forall x A(x),\ B = A(t),\ C = \exists x A(x)$)

(3) $\vdash ((A(t) \to \exists x A(x)) \to (\forall x A(x) \to \exists x A(x)))$
　　 (MP : (1), (2))

(4) $\vdash A(t) \to \exists x A(x)$
　　 (VI(2))

(5) $\vdash \forall x A(x) \to \exists x A(x)$
　　 (MP : (3), (4))

自動定理証明技術は，人工知能システムの推論エンジンとして応用できると考えられる．すなわち，データベースへの問合せを証明と同一視すれば，定理証明は質問応答の基礎となる．1960年代初期にRobinsonがいわゆる**分解原理** (resolution principle) を提案して以来，自動定理証明の研究は急速に進んだ．その結果として，1972年にはマルセーユ大学で論理プログラミング言語PROLOGが開発された．また，1974年にKowalskiは，**論理プログラミング** (logic programming) の理論的基礎を示した．

では，論理プログラミングの概念について説明する．論理プログラミング言語は，証明を計算として形式化し，証明手続をインタプリタとしたプログラミング言語である．PROLOGの場合，FOLの部分システムであるHorn節論理に分解原理が推論機構として用いられている．さて，分解原理では，3章で説明した連言標準形CNFが必要とされる．また，分解原理は単純な推論規則に基づいているので，FOLの効果的な証明が可能となる．

Robinsonの分解原理は，自動定理証明の基礎技術となり，問題解決システムや質問応答システムの推論エンジンとして用いられるようになった．1970年

代になると，論理を一つのプログラミング言語として解釈する研究が進められた。1972年には，マルセーユ大学のColmerauerのグループが最初の論理プログラミング言語PROLOGを開発した。1974年には，KowalskiがFOLの部分システムであるHorn節の分解原理をプログラミング言語として解釈できることを示した。その後，論理プログラミングは，人工知能用プログラミング言語として用いられるようになった。また，日本の第5世代コンピュータのプロジェクトでもPROLOGが採用されている。

リテラル (literal) は，原子式かその否定である。**節** (clause) は，$\forall(L_1 \vee \cdots \vee L_m)$ の形の表現である。ここで $L_1 (1 \leq i \leq m)$ はリテラル，$\forall$ は全称閉包を表す (すなわち，L_i に現れるすべての変数は，全称記号によって量化されている)。人工知能の世界では，節はつぎのように書かれる。

(1)　$A_1, \cdots, A_k \leftarrow B_1, \cdots, B_n$

ここで，A_i, B_j は原子式である ($\leftarrow$ は含意記号であるが，通常と逆方向であることに注意されたい)。よって，(1) は，FOL では (2) のように解釈される。

(2)　$\forall(B_1 \& \cdots \& B_m \rightarrow A_1 \vee \cdots \vee A_k)$

論理プログラミングは，**Horn節** (Horn clause) に基づいている。

Horn節とは，たかだか一個の正リテラルをもつ節である。**プログラム節** (program clause) は

(3)　$A \leftarrow B_1, \cdots, B_n$

の形の表現であり，A は**ヘッド** (head)，B_i は**ボディ** (body) と呼ばれる。**単位節** (unit clause) は

(4)　$A \leftarrow$

の形の表現であり，**空節** (empty clause) は

(5)　$\leftarrow$

の形の表現である。Horn節は，(3), (4), (5) のいずれかの節である。なお，(5) は矛盾を表す。**論理プログラム** (logic program) は，Horn節の有限集合である。

ゴール節 (goal clause) は

(6)　$\leftarrow B_1, \cdots, B_n$

の形の表現である．論理プログラミングでは，ゴール節が論理プログラムの論理的帰結かどうかが分解原理と単一化によって再帰的に計算される．

例 11.3

PROLOG では，加算はつぎのように定義される．

(1)　$add\,(0, Y, Y) \leftarrow$

(2)　$add\,(s(X), Y, s(Z)) \leftarrow add\,(X, Y, Z)$

ここで，$add\,(X, Y, Z)$ は，$X + Y = Z$ を表す述語である．また，$s(X)$ は，$X + 1$ を表す述語であり，後者関数と呼ばれる（よって，$S(0)$ は 1，$s(s(0))$ は 2 となる）．では，(1) と (2) から $2 + 3$ を計算してみよう．$2 + 3$ を計算するためには，ゴール節 (3) が必要となる．

(3)　$\leftarrow add\,(s(s(0)), s(s(s(0))), Result)$

(3) と (2) から，単一化 $X = s(0), Y = s(s(s(0))), Result = s(Z)$ より新しいゴール節 (4) が生成される．

(4)　$\leftarrow add\,(s(0), s(s(s(0))), Z)$

つぎに (4) と (2) から，単一化 $X1 = 0, Y1 = s(s(s(0))), Z = s(Z1)$ より新しいゴール節 (5) が生成される．

(5)　$\leftarrow add\,(0, s(s(s(0))), Z1)$

(5) は (1) とマッチし，単一化 $Y1 = s(s(s(0))) = Z1$ により空節 (6) が得られる．

(6)　$\leftarrow$

よって，最終的には

$$Result = s(Z) = s(s(Z1)) = s(s(s(s(s((0))))))$$

となり，$2 + 3$ の結果は 5 になる．

PROLOG の計算機構は分解原理であるが，これをプログラミング言語の手続解釈とみなすことができる．したがって，PROLOG によって質問応答システム，データベースシステム，自然言語処理システムなどを容易に開発すること

ができる．8章で論じた演繹データベースの問合せ言語としても PROLOG は利用されている．現在では，PROLOG などの論理プログラミング言語は，人工知能プログラミングには不可欠となっている．

11.3 知識表現

知識表現は，人工知能の基本的な研究分野の一つである．知識表現とは，知識を表現するための適当な言語の研究にほかならない．人工知能システムの構築のためには，知識を効率的に表現する必要性がある．したがって，知識表現は，いわゆる**知識ベース** (knowledge base) においても非常に重要な役割を果たす．さて，知識表現の理論としては，つぎのようなものが知られている．

- 1階述語論理
- 意味ネットワーク (semantic network)
- フレーム (frame)
- 概念依存理論 (conceptual dependency theory)

1階述語論理 (FOL) は，最も標準的な知識表現言語である．前節で論じたように，FOL は論理学で長年研究されてきた論理システムであり，厳密な証明理論とモデル理論に基づく．よって，FOL を知識表現言語として用いることによって，知識を形式的に記述することができる．また，分解原理などの自動定理証明技術もある程度確立されている．したがって，PROLOG などの論理プログラミング言語を用いて論理ベースの知識表現が可能となる．

意味ネットワークは，人間の長期記憶の心理学的モデルとして Quillian が提案した理論である．意味ネットワークでは，知識は二項グラフによって表現される．二項グラフは，節点とリンクから構成されるが，二つの節点で表されている対象の関係がリンクによって記述される．意味ネットワークの基本的なリンクとしては ISA があるが，ISA リンクを用いて**図 11.1** のように知識の階層化を行うことができる．

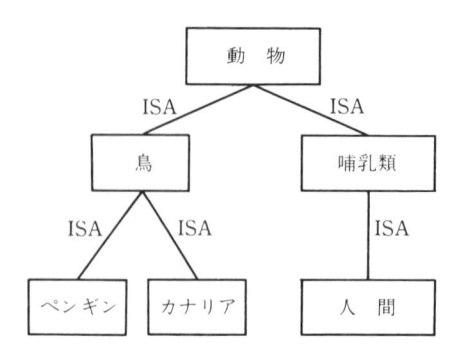

図 11.1 意味ネットワーク

フレームは，Minsky によって人間の記憶と推論過程のモデルとして提案された知識表現形式である。フレーム表現は，以下のようにフレーム名とスロットの集合から構成される。

$$\begin{array}{ll}\text{フレーム名} & \\ \text{スロット名1} & \text{スロット値1} \\ \text{スロット名2} & \text{スロット値2} \\ \quad \cdot & \quad \cdot \\ \quad \cdot & \quad \cdot \\ \quad \cdot & \quad \cdot \\ \text{スロット名}n & \text{スロット値}n \end{array}$$

ここで，スロット値としては，数値，文字列，手続名などを書くことができる。例えば，鯨に関する知識のフレーム表現はつぎのとおりである。

　　　frame：鯨

　　　self ：(a kind of) 哺乳類

　　　can：泳ぐ

　　　cannot：飛ぶ

概念依存理論は，Schank によって提案された知識表現理論である。概念依

存理論は，知識をいくつかの基本概念の組合せによって記述するものである。例えば，"Mary gave the book to John." という文は，つぎの概念構造で表現することができる．

 ACTOR：John

 ACTION：ATRANS

 OBJECT：the book

 DIRECTION：FROM：Mary

      TO：John

ここでは，ACTOR (動作主)，ACTION (動作)，OBJECT (対象)，DIRECTION (方向)，ATRANS (抽象的な物の移動) の基本概念が知識表現に用いられている．

以上，主要な知識表現の理論について概説したが，ここで知識表現における問題点のいくつかについて論じてみる．まず，知識表現形式は，人間の知識を簡潔に表現することができなければならない．さらに，適当な結論を導くための推論エンジンをもっていなければならない．これらの点では，FOL は優れている．しかし，大規模な知識ベースを構築するためには，論理式よりネットワークのほうが優れている．

FOL の欠点としては，Minsky が指摘したように知識の**非単調性** (non-monotonicity) や**矛盾性** (inconsistency) を形式化することができないことが挙げられる．例えば，つぎの論理データベース KB1

 $fly(x) \leftarrow bird(x)$

 $bird(tweety) \leftarrow$

から，$fly(tweety)$ が導かれる．しかし，KB1 に新しい知識がつぎのように追加されたとする．

 $fly(x) \leftarrow bird(x)$

$bird(tweety) \leftarrow$

$\neg fly(x) \leftarrow ostrich(x)$

$ostrich(tweety) \leftarrow$

新しい知識ベース KB2 からは，$\neg fly(tweety)$ が導かれる．よって，"tweety は飛ぶ"という結論は，新しい知識により成立しなくなる．したがって，常識推論では，定理の単調性は成立せず，通常の論理システムは知識表現言語として不適当である．しかし，近年，非単調性を扱うことができる**非単調論理** (nonmonotonic logic) の研究も進んでいる．同様に，矛盾性の表現も重要な課題となっている．また，人間のあいまいな知識を表現するために，確率論や Zadeh により提案された**ファジィ理論** (fuzzy theory) が研究されている．これらのあいまい性を扱う理論は，エキスパートシステムなどでも応用されている．

11.4 自然言語処理

コンピュータの誕生とともに，コンピュータにわれわれが日常使用している言語，すなわち**自然言語**を自動的に処理させる研究が始まった．この分野は**自然言語処理**と呼ばれ，人工知能の研究分野の一つと考えられている．実際，コンピュータ技術のめざましい発展とともに，自然言語処理の研究も次第に活発になっている．

自然言語処理は，コンピュータに人間と同様に自然言語を理解させることを目的にしている．これによって，人間に対してより自然なインタフェースをもつコンピュータの実現が可能となる．自然言語処理技術は，コンピュータサイエンスと言語学の両方に関連している．自然言語処理の研究は，コンピュータが出現した 1945 年頃から機械翻訳を中心に始まった．言語学の分野では，1950 年代後半に Chomsky が**形式文法** (formal grammar) を提案した．その後，形式文法は，統語解析の理論として応用されている．

さて，自然言語処理は，基本的には統語解析と意味解析から行われる．まず統語解析により，文の統語構造が明らかにされる．文法と辞書を用い，文の統語

構造を与えることは，**パージング問題** (problem of parsing) と呼ばれる。パージングは，**パーサ** (parser) と呼ばれるプログラムによって行われ，パーズ木と呼ばれる統語構造の表現形式が出力される。例えば，文 (1) は，パージングによりパーズ木 (2) が生成される。

(1)　　Mary runs.

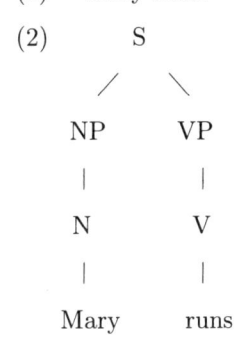

(2)
```
          S
        /   \
       NP    VP
       |     |
       N     V
       |     |
      Mary  runs
```

パーサは，あるパージングアルゴリズムに従ってパージングを行う。自然言語処理では，おもに**文脈自由文法** (context - free grammar) に基づくパージングアルゴリズムが利用されている。例えば，(1) をパージングするための文法と辞書は，(3) のように与えられる。

(3)　　$S \to NP\ VP$

　　　　$NP \to N$

　　　　$VP \to V$

　　　　$N \to Mary$

　　　　$V \to runs$

ここで，S, NP, VP, N, V は，それぞれ文 (sentence)，名詞句 (noun phrase)，動詞句 (verb phrase)，名詞 (noun)，動詞 (verb) の統語論的カテゴリを表している。文法規則 $S \to NP\ VP$ は，カテゴリ S はカテゴリ NP とカテゴリ VP に書換え可能であることを示している。(3) の各規則は文法規則と呼ばれ，文法構造を記述するための規則である。

　自然言語処理のためには，統語解析のみでは不十分である。意味解析により統語構造から意味構造を構築し，文全体の意味を明らかにしなくてはならない。

人工知能における自然言語処理の研究では，意味解析の理論としては，前節で述べた知識表現の理論が用いられる．例えば，FOL を意味解析の理論として採用すれば，文 (1) の意味構造は，(4) のように FOL の式として表現することができる．

(4)　$run(mary)$

このような過程でわれわれは，自然言語を理解することができるが，実際の自然言語処理システムでも，統語解析と意味解析が有機的に関連し，システム化されている．

最近の自然言語処理の研究では，単文レベルから複数の文レベル (すなわち談話) の処理が課題となっている．談話解析は，単文解析より複雑であり，前述の自動推論などの技術が必要となってくる．よって，理想的な自然言語処理システムを構築することは容易でない．しかし，部分的ではあるが，自然言語処理システムは実用化されている．特に，いわゆる機械翻訳システムは多く開発されており，われわれの生活に役立っている．さらに，今後データベースやコンピュータの自然言語インタフェース，自然言語によるプログラミング，談話理解などの分野への自然言語処理技術の応用が期待されている．

12 コンピュータの将来

12.1 新しいコンピュータ

　11章までは，現在のコンピュータと情報処理技術について解説してきたが，最終章である本章では，コンピュータの将来についてさまざまな角度から検討してみることにする。まず，新しいコンピュータについて論じる。これらのコンピュータのいくつかは，21世紀の中心的なコンピュータとして利用されると考えられる。現在のコンピュータは，1章で説明したように，von Neumannの理論に基づくノイマン型コンピュータである。しかし，情報処理の多様化によって，新しいコンピュータの必要性が高まっており，現在，活発な研究が行われている。新しいコンピュータとして研究されている代表的なものは，つぎのとおりである。

- 並列コンピュータ (parallel computer)
- データフロー型コンピュータ (dataflow computer)
- ニューロコンピュータ (neuro computer)
- バイオコンピュータ (biocomputer)
- 光コンピュータ (optical computer)
- 量子コンピュータ (quantum computer)

　並列コンピュータは，いわゆる**並列処理** (parallel processing) により高速計算を行うコンピュータである。具体的にいうと，並列コンピュータでは，計算は複数の処理に分割され，複数のCPUで処理される。この並列処理によって，ノイマン型コンピュータでは不可能であった高速計算が可能となり，スーパーコンピュータなどの設計にも利用されている。並列コンピュータは，特に科学技術計算の分野で，将来的に重要な役割を果たすと考えられる。従来の並列コンピュー

タの研究では，ノイマン型の枠組みの中で，一つのCPU内でベクトルプロセッサなどによって計算性能を高めることが主流であった．最近では，非ノイマン型アーキテクチャに基づく**超並列コンピュータ** (massive parallel computer) の研究も開始されている．

データフロー型コンピュータは，データフローグラフによって計算過程を記述し，計算を行う非ノイマン型の並列コンピュータである．データフロー型コンピュータでは，データ駆動方式の計算が行われる．よって，ノイマン型コンピュータのプログラム内蔵方式の計算とは著しく異なる．データ駆動方式の計算では，計算に必要なデータがそろえば，その計算は独立に実行可能である．したがって，命令を非同期に実行することができるので，複雑な計算を並列に高速処理することもできる．非ノイマン型コンピュータの中でも，データフロー型コンピュータは，非常に有望なものの一つである．

ニューロコンピュータは，人間の脳の神経細胞の働きをモデルにした非ノイマン型のコンピュータである．したがって，ニューロコンピュータの理論的基礎は，大脳生理学に基づく**ニューラルネットワーク**である．人間の脳は，多数の神経細胞（ニューロン）が複雑につながった神経回路網（ニューラルネットワーク）であると考えられる．各ニューロンを結合し情報を伝達する部分は，シナプスと呼ばれる．ニューロンは，興奮すると電流が流れ，シナプスを通じてほかのニューロンに情報を伝達する．ニューラルネットワークは，1960年代から研究されていたが，1980年代になって再びその価値が見直されている．ニューロコンピュータは，つぎのような利点をもっている．まずニューロコンピュータは，自己学習能力を備えている．すなわち，知識獲得により過去の経験から問題を解決することができる．また，ニューロコンピュータの計算原理は，並列処理に類似しているので，超並列処理コンピュータにも応用可能である．ニューロコンピュータは，ノイマン型コンピュータの計算方式とは極めて異なるが，パターン認識などの分野の計算に向いていると考えられている．しかし，ニューロコンピュータ実用化のためには，ニューラルネットワーク表現に適したアーキテクチャの確立などが必要である．

バイオコンピュータは，ニューロコンピュータと同様に脳の情報処理モデルに基づくコンピュータである。ニューロコンピュータでは，脳の情報処理モデルであるニューラルネットワークを計算モデルとするが，バイオコンピュータでは，脳を構成する物質自体がコンピュータアーキテクチャに利用される。よって，バイオコンピュータは，バイオテクノロジーとコンピュータテクノロジーを融合したものと考えられる。バイオコンピュータは，現在，まだ研究段階であるが，つぎのような可能性が研究されている。まず，半導体に代わり液体やタンパク質を素子として利用する研究がある。例えば，タンパク質は脳を構成する重要な物質であり，バイオチップ開発に利用可能であると思われる。また，生体分子を記憶素子とする分子コンピュータもバイオコンピュータの一種である。分子を記憶素子として利用できれば，超大量の情報の処理が可能となる。

光コンピュータは，光素子に基づくコンピュータである。従来のコンピュータの情報伝達手段は電子であったが，光を伝達手段とすることによって，より高度な情報処理が可能となる。光は電子に比べ，情報処理の観点からいくつかの利点をもっている。例えば，光の波長は多重であるので，高速な並列処理を容易に行うことができる。光コンピュータのおもな応用分野としては，画像処理やパターン認識が考えられる。さらに，量子力学を応用した**量子コンピュータ**の研究も開始されている。

12.2 新しい情報処理技術

前節で論じた新しいコンピュータとともに，新しい情報処理技術の研究も進められている。例えば，11章で論じた人工知能も新しい情報処理技術であるが，ここでは，つぎのようなほかの新しい情報処理技術を紹介する。

- ファジィシステム (fuzzy system)
- 仮想現実感 (virtual reality, VR)
- 感性情報処理 (sensitive information processing)
- 人工生命 (artificial life, AL)

ファジィシステムは，Zadeh が 1965 年に提案したファジィ集合 (fuzzy set) に基づくファジィ理論を応用したコンピュータシステムである。ファジィ理論では，人間の主観などのあいまいな概念を定量的に扱うことができる。よって，ファジィシステムは，従来のシステムに比べ人間に極めて近いものとなる。現在，ファジィエキスパートシステムやファジィ制御などは，一部実用化が行われている。また日本では，特にファジィシステムの研究が盛んである。

ファジィ理論では，情報は 2 値論理ではなくある種の多値論理で表現される。よって，あいまいな情報を柔軟に表現することができる。ファジィ集合 A では，要素 a が A に属するかどうかは，0 から 1 までの連続値で表現されるが，これがあいまい性を表現するメンバーシップ関数 (membership function) である。従来の集合論では，メンバーシップ関数は，0 (すなわち $a \in A$) か 1 (すなわち $a \notin A$) のいずれかしか表現できない。したがって，ファジィ集合は，いままでの集合の一般化となっている。ファジィ集合の提案後，ファジィ論理 (fuzzy logic) も研究され，ファジィ理論の基礎となっている。

ファジィシステムは，さまざまな分野に応用可能である。まず，ファジィ理論に基づくファジィコンピュータが考えられる。すでにファジィチップの開発は行われている。さらに，ファジィ推論用のチップの研究開発も進められている。ファジィ制御は，ファジィ理論の最も成功した例である。例えば，仙台市の地下鉄の自動運転装置にはファジィ制御が利用されている。また，人工知能の研究でもファジィ理論がエキスパートシステムや自動推論との関連で注目されている。しかし，ファジィ理論の理論的研究の欠如なども指摘されており，今後の課題となっている。

10 章で論じたように，マルチメディア技術は，近年，飛躍的に進歩している。特にコンピュータグラフィックスや画像処理は，マルチメディアの中でも重要な分野である。これらの技術の発展により，われわれはコンピュータ上で仮想的な環境を構築する可能性を発見した。この可能性を研究するのが，仮想現実感 (VR) である。VR は，未来のコンピュータのヒューマンインタフェースとして注目されているが，現段階では，仮想現実感技術の固まった理論はない。

VRは，マルチメディアの急速に発達し始めた1990年代になると研究はさらに進んだ。特にインターネット上の仮想空間の実現が研究の主要目的になっている。しかし，VRシステムの基本的な考え方は，NASAが宇宙ステーション内の作業のために1980年代後半に提案した仮想コンソールにもすでに存在する。さて，VRシステムに必要な機能としては，人間の視覚，聴覚，触覚などの感覚を取り込み仮想環境を提供することが挙げられる。VRの最終的な目標は，**サイバースペース**(Cyber Space)と呼ばれる人間の協調活動支援のためのネットワークとコンピュータによる仮想空間の実現である。なお，インターネットのWWW上での仮想空間設計用言語であるVRML (virtual reality modeling language)も開発されている。

コンピュータが行う情報処理は，いままでは人間の知識のみであったのは明らかである。したがって，人間の感性や感覚は，コンピュータでは扱えないと考えられていた。しかし，脳の研究が進歩するにつれて，人間の感性なども情報処理の対象となってきた。いわゆる**感性情報処理**は，VRとも関連し，21世紀の情報処理技術の大きな課題の一つであり，前述の人工知能より野心的である。

人工生命は，その名のとおり生命を人工的なメディアで実現することを研究する分野である。人工生命は，Reynoldsにより命名されたもので，1987年にアメリカのロスアラモスで人工生命のワークショップが開催されて以来研究が行われている。人工生命は，われわれ人間に対する一種の挑戦とも思われる分野であるが，歴史的には，von Neumannのセルオートマトンの理論にも生物を機械としてモデル化する可能性が考慮されている。人工生命の理論的基礎としてさまざまなものが現在研究されているが，人工生命はコンピュータサイエンスの究極の研究テーマかもしれない。

つぎに，コンピュータの世界における理論的な難問題のいくつかについて言及する。以下に述べるように，これらの問題の大部分は未解決である。

- コンピュータ協調作業支援 (computer supported collaborative work, CSCW)
- エージェント指向プログラミング (agent - oriented programming)

- 計算の複雑性 (computational complexity)

われわれの日常生活は，基本的には組織の中の個人として行われる。よって，ある一つの情報は組織に共有され，協調作業により活用されるべきである。**コンピュータ協調作業支援** (CSCW) は，このような協調作業をコンピュータによって行うものである。CSCW を実現するための用件の一つは，ネットワークコンピューティングであるが，その理論的背景は確立されていないのが現状である。

コンピュータが高性能化したといっても，さまざまな問題解決のためのプログラムを作成するのはわれわれである。高度な情報処理を行うプログラムの開発は，必ずしも容易ではない。この問題の一つの解決法が，**エージェント指向プログラミング**である。エージェントとは代理人を意味し，必要な仕事をわれわれに代わり行う仲介者である。エージェント指向プログラミングは，プログラマの意図を解釈する自律的なプログラム (すなわちエージェント) を基本とするプログラミング手法である。なお，エージェントは，ネットワークコンピューティングにおいても重要な役割を果たす概念として注目されている。

計算の複雑性は，アルゴリズムの効率性を計る尺度であるが，プログラム実行に要する時間を表す**時間量** (time complexity) とプログラム実行に要する記憶を表す**記憶量** (space complexity) に分類される。ある問題を解決するプログラムのアルゴリズムは，一般に複数個存在する。プログラミングの目標は，いかにして最良のアルゴリズムによりプログラムを効率的に作るかにある。しかし，複雑な問題を解決するプログラムは，当然複雑になる。よって，アルゴリズムの計算の複雑性により，問題の複雑性 (難しさ) を定量的に分類することができる。決定性アルゴリズムにより多項式時間で解ける問題は，**P 問題** (polynomial time computable problem) と呼ばれ，P 問題のクラスは **P** と書かれる。また，非決定性アルゴリズムにより多項式時間で解ける問題は，**NP 問題** (non-deterministic polynomial time computable problem) と呼ばれ，NP 問題のクラスは **NP** と書かれる。P 問題と NP 問題との関係は，明らかに $\mathbf{P} \subseteq \mathbf{NP}$ であるが，$\mathbf{P} = \mathbf{NP}$ であるかどうかは未解決な問題である (現在，$\mathbf{P} \neq \mathbf{NP}$ と

予想されている)。計算の複雑性の未解決問題は,明らかにプログラミングの理論的な限界性を示すものである。

12.3 コンピュータ時代の問題

本書では,コンピュータと情報処理技術の概要と将来性について詳細に検討してきた。よって,コンピュータを肯定し,われわれの生活する時代が"コンピュータ万能主義"のような印象を与えるかもしれない。しかし,本章で述べたように,われわれはいまもなお新しい技術への挑戦を行っている。さらに,以下に論じるように,コンピュータ時代は日常生活に大きな問題を提起した。大きな問題としては,以下のようなものがある。

- コンピュータ犯罪
- 雇　用
- 人間疎外
- 情報過多
- 知識財産権

コンピュータ犯罪とは,コンピュータに関連した犯罪を指すものであり,コンピュータ時代になりでてきたものである。コンピュータの発展と普及により,コンピュータ犯罪も増加し,また多様化している。例えば,データベース内のデータを盗むことにより,プライバシーの侵害や企業活動の妨害が行われている。また,**コンピュータウィルス**もコンピュータ犯罪では,しばしば登場するものである。さらに,コンピュータ犯罪を行う悪質な**ハッカー**の存在も忘れてはならない。コンピュータ犯罪を防止する方法は,**コンピュータセキュリティ**(computer security)を確立することである。また,コンピュータ犯罪を取り締まる法の整備も必要である。インターネットの普及により,コンピュータ犯罪の問題はさらに広がると考えられる。インターネットでは,最近,入力遮断と出力制御を基本とするいわゆる**ファイアーウォール**(Fire Wall)と呼ばれるセキュリティ技術も導入されている。

雇用は,われわれの生活の中でも最も重要なものである。コンピュータがわ

れわれの生活を向上させたことは確かであるが，コンピュータ時代は，従来の産業構造を変化させたことも事実である．例えば，コンピュータによる事務処理によって，単純事務のための労働者は必要なくなった．また，ほとんどの労働者は，コンピュータと関わりをもつようになった．このような状況においては，コンピュータを使えない人間の雇用は保証されない．よってわれわれは，雇用の問題を完全に解決することはできない．この問題を解決するためには，誰でも容易に使える人間に近いコンピュータの開発が不可欠であると思われる．

人間疎外もコンピュータ時代の大きな問題である．現在でも多くの会社で業務のコンピュータ化が行われている．この事実は，裏を返せば他人との接触が次第に減っていることを意味する．よって，人間性の欠けた人間の増加やいじめなどの問題が発生する可能性がある．すなわち，コンピュータの発達が人間を疎外することになるのである．本来，コンピュータは，人間の生活を豊かにするために発明されたものであるが，コンピュータが人間を支配する時代が来る可能性も否定できない．以上のように，コンピュータ時代は，危険な問題の発生の可能性をもっている．

情報過多は，コンピュータ時代の最も逆説的な問題の一つである．マルチメディアの発達により，われわれはコンピュータを利用し，多くの情報を得ることができるようになった．しかし，これは同時に多くの不必要な情報も得ることを意味している．コンピュータ技術が高度になるほど，われわれは有効に情報を選択しなければならない．また，情報過多は，青少年の健全な育成を妨げる要因ももっている．このように，コンピュータは必ずしも万能ではないのである．したがって，われわれは，今後有益なコンピュータ時代を生活するために，コンピュータ時代の基礎知識を身につけなくてはならないのである．

知的財産権は，発明，考案，意匠，著作物など人間の創造活動により生み出されたもの，商標，商号など商品を表示するもの，および，事業活動に用いられる有用な技術または営業上の情報を意味する．なお，知的財産権は，知的所有権ともいわれ，産業財産権，著作権，およびその他に分かれる．そして，産業財産権として，特許権，実用新案権，意匠権，商標権がある．日本では，

1985年に著作権法が改訂され，プログラムの著作権が認められるようになった。また，プログラムの特許権については，1994年に特許庁がソフトウェア関連発明の審査基準を発表しており，特許となる範囲が細かく規定されている。したがって，ソフトウェアやコンテンツなどの作成においては，知的財産権の問題に十分配慮しなくてはならない。

文　　献

1) 赤間世紀：離散数学概論，コロナ社 (1996)
2) 赤間世紀：やさしいC言語，杉山書店 (1997)
3) 赤間世紀：Visual Basic プログラミングの初歩，実教出版 (1997)
4) 赤間世紀，平澤一浩：FORTRAN で学ぶプログラミング基礎，コロナ社 (1996)
5) 浅井喜代治 編：ファジィ情報処理入門，オーム社 (1993)
6) 井田哲雄：プログラミング言語の新潮流，共立出版 (1988)
7) 石田晴久：はやわかりインターネット，共立出版 (1994)
8) 大野 豊 監：情報リテラシ (第2版)，共立出版 (1996)
9) 笠井 保，横井省吾：情報通信とマルチメディア，共立出版 (1997)
10) 久野 靖：UNIX による計算機科学入門，丸善 (1997)
11) 斎藤忠男：ディジタル回路，コロナ社 (1982)
12) 酒井博敬，堀内 一：オブジェクト指向入門，オーム社 (1989)
13) 白井良明：人工知能の理論，コロナ社 (1992)
14) 人工生命研究会 編：人工生命，共立出版 (1994)
15) 田中穂積：自然言語解析の基礎，産業図書 (1989)
16) 長尾 真：画像認識論，コロナ社 (1983)
17) 中嶋正之：マルチメディア工学，昭晃堂 (1994)
18) 廣瀬 健：情報数学，コロナ社 (1985)
19) 藤本秀雄 編：人工現実感の展開，コロナ社 (1995)
20) 増永良文：リレーショナルデータベースの基礎，オーム社 (1993)
21) 村山優子：ネットワーク概論，サイエンス社 (1997)

索引

【あ】

アキュムレータ　46
アセンブラ　64
アセンブリ言語　62,66
アドレス　45
アナログ　2
アニメーション　129
アプリケーションプログラム　58
誤り検出　126
アルゴリズム　78
暗号　119
暗号化　126
安全性　55

【い】

1次元配列　93
1の補数　20
一括処理　55
意味解析　65
イメージスキャナ　50,122,128
インクジェットプリンタ　51
インスタンス　107
インタフェース　50
インタプリタ　64
インタプリタ言語　65

【う】

ウォーターフォールモデル　70
運用　71

【え】

液晶ディスプレイ　50
エージェント指向プログラミング　154
演繹データベース　107
演算装置　10
エントロピー符号化　127

【お】

大型コンピュータ　6
オーサリング　128
オーバーライド　74
オフィスオートメーション　8
オフィスコンピュータ　8
オブジェクト　73
オブジェクト指向　73
オブジェクト指向設計法　72
オブジェクト指向データベース　106
オブジェクト指向プログラミング　73
オブジェクトプログラム　64
オフライン処理　59
オペランド　46
オペレーティングシステム　9,52
音声　128
音声処理　12
オンライン処理　59
オンライン・リアルタイム処理　59

【か】

解像度　50
階層モデル　96
外部割込み　58
開放型システム相互接続　114
科学技術計算　11
鍵　119
書き直し　48
仮数　16
画素　124
仮想記憶　48,56
仮想現実　132
仮想現実感　13,152
画像処理　131
稼動性　54
カーナビゲーションシステム　123
カプセル化　73
可変長レコード　99
加法標準形　36
紙テープ読取り装置　50
カルノー図　37
関係モデル　97
感性情報処理　153
完全性定理　26

【き】

キー　100
木　93
記憶素子　48
機械語　62,66
木構造　97
基数　16
揮発性　48
キーボード　50
基本設計　71
基本ソフトウェア　9
基本論理回路　35
キャッシュメモリ　47
キュー　94

【く】

組合せ回路　39
クラス　73,106
繰返し処理　83

【け】

計算　1,78
計算の複雑性　147
計算可能性　87

索引

計算器 2
計算尺 2
計算理論 78
形式言語 24
形式システム 24
継承 73
携帯電話 124
ケーブル 124
ゲーム 131
言語処理系 64
言語処理プログラム 57
言語プロセッサ 64
原始プログラム 64

【こ】

光学式マーク読取り装置 50
構造化設計法 72
構造化プログラミング 81
構造体 94
構造的データ型 92
構文解析 65
公理 26
高レベル言語 62
固定小数点形式 21
固定長レコード 99
コーディング 71
コード化 22
コード生成 65
雇用 155
コンテンツ 127
コンパイラ 64
コンパイラ言語 65
コンピュータ 1
コンピュータ協調作業支援 154
コンピュータグラフィックス 12, 129
コンピュータ言語 62
コンピュータセキュリティ 155
コンピュータ犯罪 155

【さ】

最適化 65
サイバースペース 153
サイバネティクス 3

再利用性 74
索引順編成ファイル 100
サービスプログラム 57
サブクラス 74
サブバンド符号化 127
差分符号化 127
差分プログラミング 74
算法 78

【し】

式 25
磁気コア 5
磁気ディスク装置 48
磁気テープ装置 48
磁気ドラム 4
字句解析 65
事実 98
指数 16
システム 8
システムソフトウェア 9
システム要求定義 71
自然言語 62
実時間処理 56
事務計算 11
ジャクソン法 72
集合論 28
10進数 16
集積回路 5
集中型データベース 99
16進数 16
主加法標準形 36
主記憶装置 10, 47
主乗法標準形 36
出力装置 10
順序回路 39
順編成ファイル 100
条件分岐 82
詳細設計 71
情報 14
情報隠蔽 73
情報処理 11
乗法標準形 36
情報量 14
情報理論 14
証明 27
証明理論 24

ジョブ 58
ジョブ管理 58
ジョブステップ 58
ジョブ制御言語 55, 58
処理プログラム 57
真空管 4
人工言語 62
人工知能 13, 133
信頼性 54
真理値 24
真理値表 30

【す】

推論規則 26
スケジューリング 58
スタック 94
スタティックRAM 48
スーパークラス 74
スーパーコンピュータ 7
スプーリング 56
スループット 54

【せ】

制御装置 9
制御プログラム 57
整合性 55
静止画像 128
セキュリティ 119
セグメント 97
設計 71
節点 94
セル 94
全角文字 22

【そ】

添字 93
束論 28
ソースプログラム 64
ソフトウェア 8
ソフトウェア危機 70
ソフトウェア工学 70
ソフトウェア信頼性 75
ソフトウェア要求定義 71
ソロバン 2

【た】

大規模集積回路	5
ダイナミックRAM	48
タイムシェアリングシステム	56
大容量記憶装置	48
ダウンサイジング	5
多重化	126
タスク	58
タスク管理	58
タッチパネル	50

【ち】

知識ベース	107
知的財産権	156
中央処理装置	10
超LSI	5
超高レベル言語	62
超並列コンピュータ	150
直接編成ファイル	100

【つ】

通信管理	59

【て】

ディジタル	2
ディジタル化	124
ディジタルスチルカメラ	128
ディジタルビデオカメラ	122
ディジタルビデオディスク	122
ディスプレイ	50
訂正	126
ディジタル図書館	131
定理	26
低レベル言語	62
デコーダ	46
テスト	71
データ型	92
データ管理	58
データ構造	92
データ項目	92,96
データフロー型コンピュータ	150
データベース	12,96
データベース管理システム	96
データベース言語	100
データベース操作言語	100
データベース定義言語	100
データモデル	96
デバッグ	71
電子出版	131
電子新聞	131
電子マネー	120
電卓	8

【と】

同軸ケーブル	124
ドットインパクトプリンタ	50
トートロジー	26
トランジスタ	4

【な】

内部割込み	58

【に】

2次元配列	93
2進数	16
2値論理	15
2の補数	20
入力装置	10
ニューロコンピュータ	150
人間疎外	156
認証	120

【ね】

根	94
熱転写プリンタ	51
ネットワークモデル	97

【は】

葉	94
バイオコンピュータ	151
ハイパーテキスト	130
ハイパーメディア	130
配列	93
バグ	71
バーコード読取り装置	50
パスワード	119
パーソナルコンピュータ	7
バッチ処理	55,59
ハードウェア	8
ハードウェア管理	58
半角文字	22
汎用コンピュータ	6

【ひ】

光ケーブル	124
光コンピュータ	151
光磁気ディスク装置	48
光ディスク装置	48
ビット	15
ビットマップファイル	129
ビデオカメラ	122
評価モデル	76
表計算ソフト	12
標準形	36
標本化	125
標本化定理	124
品質管理	74
品質特性	74
品質メトリクス	74
品質モデル	74

【ふ】

ファイアーウォール	119
ファイル	58,96,99
ファイル編成	58
ファクトデータベース	98
ファジィシステム	152
ファミコン	8
ファミリーコンピュータ	8
複合設計法	72
符号化	124
物理レコード	99
浮動小数点形式	21
プリンタ	50
ブール束	28
ブール代数	24
プログラミング	62
プログラミング言語	45,62
プログラム	4

索引

プログラムカウンタ	46	
プロジェクト管理	76	
プロジェクトライフサイクル	76	
フローチャート	81	
フローチャートプログラム	88	
ブロック	99	
フロッピーディスク装置	48	
プロトコル	117	
文献データベース	98	
分散処理	59	
分散データベース	99, 106	

【へ】

並列コンピュータ	149
並列処理	149
ベン図	30
変調	126

【ほ】

ポインタ	94
保守	71
保守性	54
補助記憶装置	10, 47
補数	20
ポストスクリプト	51
ポリモフィズム	74
翻訳プログラム	64

【ま】

マイクロコンピュータ	7
マイクロプロセッサ	7
マウス	50

マスク ROM	48
マルチプログラミング	55, 60
マルチプロセッサ	60
マルチメディア	12, 121
マルチメディアデータベース	107
マルチメディア文書	129

【み】

ミニコンピュータ	8

【め】

命題	24
命題計算	24
命題論理	24
命令コード	46
命令レジスタ	46
メインフレーム	6
メソッド	73, 107

【も】

モデル理論	24

【ゆ・よ】

ユーザソフトウェア	9
ユーザプログラム	58
ユーティリティプログラム	57
ユニプロセッサユニプログラミング	60
予測モデル	75

【ら】

ライトペン	50
ライフサイクル	70
ラムダ計算	88

【り】

リアルタイム処理	56, 59
リスト	94
リファレンスデータベース	98
リモートバッチ処理	55
量子化	124

【れ】

レコード	58, 94, 96, 99
レーザプリンタ	51
レジスタ	46

【ろ】

ローダ	55
論理演算	24
論理学	24
論理関数	33
論理代数	28
論理データベース	107
論理レコード	99

【わ】

ワークステーション	7
ワードプロセッサ	8, 12
ワーニエ法	72
割当関数	25
割込み	45, 58

【A】

Ada	69
A/D 変換	125
ALGOL	67
ASCII	22
AU	128
AVI	129

【B】

BASIC	68
Blu-ray Disc	49
BMP	128

【C】

CAD	12
CAI	12, 130
CAL	12
CAM	12
CASE	72
CATV	123
CD	49
CD-ROM	49
CD-R/W	49
CMM	75
COBOL	67

索引

CPU	10	
CRT ディスプレイ	50	
CT	132	
C++	68	
C言語	68	

【D】

D/A 変換	124
DCT 符号化	127
default	85
DVD	49
DVD-RAM	49
DVD-ROM	49

【E】

Eコマース	120
EDSAC	3
ENIAC	3
EPROM	48
EUC	22
EWS	7

【F】

FIFO	94
for 文	83
FORTRAN	66
Free BSD	60

【G】

GIF	128

【H】

HD DVD	49
Hilbert システム	26
HTML	130
HTTP	118

【I】

if 文	82
ISO	22
ISO コード	22

【J】

Java	69
JIS コード	22
JPEG	128

【L】

LIFO	94
LINUX	60
LISP	67
LOC	75

【M】

Mac OS	61
Markov アルゴリズム	88
MIDI	128
MIL	35
MIME	117
Motion-JPEG	129
MP3	128
MPEG	129
MS-DOS	60
MS-WINDOWS	61
MS-WINDOWS 95	61
MS-WINDOWS 2000	61
MS-WINDOWS-NT	61
MS-WINDOWS-VISTA	61

【O】

ODA	129
OS/2	61
OSI	114

【P】

PASCAL	68
PDS	60
PHS	124
PL/I	67
PMBOK	77
PROLOG	69
PROM	48

【R】

Real Audio	128
RAM	48
RAS	54
RASIS	55
RISC	7
RM	129
ROM	48
RSA	120

【S】

SET	120
Smalltalk	69
SPICE	77
SQL	100
SSL	120

【T】

TCP/IP	117
Turing 機械	3, 88

【U】

UNIVAC-1	3
UNIX	60
URL	118

【V】

Visual Basic	68
VRML	153

【W】

WAV	128
WMV	129

【X】

XML	130

―― 著者略歴 ――

1984 年　東京理科大学理工学部経営工学科卒業
1984 年
〜93 年　富士通株式会社勤務
1990 年　工学博士（慶應義塾大学）
1993 年
〜2006 年　帝京平成大学講師
2006 年　株式会社シー・リパブリックアドバイザー
2008 年　筑波大学大学院客員教授
　　　　現在に至る
主要著書：
離散数学概論（コロナ社，1996 年）
FORTRAN で学ぶプログラミング基礎（共著，コロナ社，1996 年）
Java によるプログラミング入門（コロナ社，1999 年）

コンピュータ時代の基礎知識（改訂版）
Basic Knowledge in Computer Ages (Revised Edition)

　　　　　　　　　　　　　　　　　　　　　　© Seiki Akama　1998

1998 年 9 月 18 日　初版第 1 刷発行
2009 年 4 月 30 日　初版第 8 刷発行（改訂版）

検印省略	著　者	赤　間　世　紀
	発行者	株式会社　コロナ社
	代表者	牛　来　辰　巳
	印刷所	壮光舎印刷株式会社

112-0011　東京都文京区千石 4-46-10
発行所　株式会社　コロナ社
CORONA PUBLISHING CO., LTD.
Tokyo Japan
振替 00140-8-14844・電話 (03) 3941-3131(代)
ホームページ http://www.coronasha.co.jp

ISBN 978-4-339-02430-2　　（高橋）　（製本：グリーン）
Printed in Japan

無断複写・転載を禁ずる
落丁・乱丁本はお取替えいたします

電気・電子系教科書シリーズ

(各巻A5判)

- ■編集委員長　高橋　寛
- ■幹　　　事　湯田幸八
- ■編集委員　江間　敏・竹下鉄夫・多田泰芳
　　　　　　　中澤達夫・西山明彦

配本順		書名	著者	頁	定価
1.	(16回)	電 気 基 礎	柴田尚志・皆藤新芳・田多泰志 共著	252	3150円
2.	(14回)	電 磁 気 学	多田泰芳・柴田尚志 共著	304	3780円
3.	(21回)	電 気 回 路 I	柴田尚志 著	248	3150円
4.	(3回)	電 気 回 路 II	遠藤　勲・鈴木靖 共著	208	2730円
6.	(8回)	制 御 工 学	下西二郎・奥平鎮正 共著	216	2730円
7.	(18回)	ディジタル制御	青木俊・西堀立幸 共著	202	2625円
8.		ロボット工学	白水俊次 著	近刊	
9.	(1回)	電子工学基礎	中澤達夫・藤原勝幸 共著	174	2310円
10.	(6回)	半 導 体 工 学	渡辺英夫 著	160	2100円
11.	(15回)	電気・電子材料	中澤・藤原・押田・森山・服部 共著	208	2625円
12.	(13回)	電 子 回 路	須田健二・土田英充・田原弘 共著	238	2940円
13.	(2回)	ディジタル回路	伊原充博・若海弘夫・吉沢昌純・室賀進也・山下巌 共著	240	2940円
14.	(11回)	情報リテラシー入門		176	2310円
15.	(19回)	C++プログラミング入門	湯田幸八 著	256	2940円
16.	(22回)	マイクロコンピュータ制御プログラミング入門	柚賀正光・千代谷慶 共著	244	3150円
17.	(17回)	計算機システム	春日健・舘泉雄治 共著	240	2940円
18.	(10回)	アルゴリズムとデータ構造	伊原充博・湯田幸弘 共著	252	3150円
19.	(7回)	電 気 機 器 工 学	前田勉・新谷邦弘 共著	222	2835円
20.	(9回)	パワーエレクトロニクス	江間敏・高橋勲 共著	202	2625円
21.	(12回)	電 力 工 学	江間敏・甲斐隆章 共著	260	3045円
22.	(5回)	情 報 理 論	三木成彦・吉川英機 共著	216	2730円
24.	(24回)	電 波 工 学	松田豊稔・宮田克正・南部幸久 共著	238	2940円
25.	(23回)	情報通信システム(改訂版)	岡田裕史・桑原唯史・植松友彦 共著	206	2625円
26.	(20回)	高 電 圧 工 学	箕田充志 共著	216	2940円

以 下 続 刊

5. 電気・電子計測工学　西山・吉沢共著　　23. 通 信 工 学　竹下・吉川共著

定価は本体価格+税5%です。
定価は変更されることがありますのでご了承下さい。

図書目録進呈◆

電子情報通信レクチャーシリーズ

■(社)電子情報通信学会編　　(各巻B5判)

共通

	配本順			頁	定価
A-1		電子情報通信と産業	西村吉雄著		
A-2	(第14回)	電子情報通信技術史 ―おもに日本を中心としたマイルストーン―	「技術と歴史」研究会編	276	4935円
A-3		情報社会と倫理	辻井重男著		
A-4		メディアと人間	原島　博 北川　高嗣 共著		
A-5	(第6回)	情報リテラシーとプレゼンテーション	青木由直著	216	3570円
A-6		コンピュータと情報処理	村岡洋一著		
A-7	(第19回)	情報通信ネットワーク	水澤純一著	192	3150円
A-8		マイクロエレクトロニクス	亀山充隆著		
A-9		電子物性とデバイス	益　一哉著		

基礎

	配本順			頁	定価
B-1		電気電子基礎数学	大石進一著		
B-2		基礎電気回路	篠田庄司著		
B-3		信号とシステム	荒川　薫著		
B-4		確率過程と信号処理	酒井英昭著		
B-5		論理回路	安浦寛人著		
B-6	(第9回)	オートマトン・言語と計算理論	岩間一雄著	186	3150円
B-7		コンピュータプログラミング	富樫　敦著		
B-8		データ構造とアルゴリズム	今井　浩著		
B-9		ネットワーク工学	仙石正和 田村　裕 共著		
B-10	(第1回)	電磁気学	後藤尚久著	186	3045円
B-11	(第20回)	基礎電子物性工学 ―量子力学の基本と応用―	阿部正紀著	154	2835円
B-12	(第4回)	波動解析基礎	小柴正則著	162	2730円
B-13	(第2回)	電磁気計測	岩﨑　俊著	182	3045円

基盤

	配本順			頁	定価
C-1	(第13回)	情報・符号・暗号の理論	今井秀樹著	220	3675円
C-2		ディジタル信号処理	西原明法著		
C-3		電子回路	関根慶太郎著		
C-4	(第21回)	数理計画法	山下信雄 福島雅夫 共著	192	3150円
C-5		通信システム工学	三木哲也著		
C-6	(第17回)	インターネット工学	後藤滋樹 外山勝保 共著	162	2940円
C-7	(第3回)	画像・メディア工学	吹抜敬彦著	182	3045円
C-8		音声・言語処理	広瀬啓吉著		
C-9	(第11回)	コンピュータアーキテクチャ	坂井修一著	158	2835円

配本順			頁	定価
C-10		オペレーティングシステム	徳田英幸著		
C-11		ソフトウェア基礎	外山芳人著		
C-12		データベース	田中克己著		
C-13		集積回路設計	浅田邦博著		
C-14		電子デバイス	和保孝夫著		
C-15	(第8回)	光・電磁波工学	鹿子嶋憲一著	200	3465円
C-16		電子物性工学	奥村次徳著		

展開

				頁	定価
D-1		量子情報工学	山崎浩一著		
D-2		複雑性科学	松本隆編著		
D-3	(第22回)	非線形理論	香田徹著	208	3780円
D-4		ソフトコンピューティング	山川堀尾恵烈二共著		
D-5	(第23回)	モバイルコミュニケーション	中大川槻正知雄明共著	176	3150円
D-6		モバイルコンピューティング	中島達夫著		
D-7		データ圧縮	谷本正幸著		
D-8	(第12回)	現代暗号の基礎数理	黒尾澤形馨わかは共著	198	3255円
D-9		ソフトウェアエージェント	西田豊明著		
D-10		ヒューマンインタフェース	西加田藤正博吾一共著		
D-11	(第18回)	結像光学の基礎	本田捷夫著	174	3150円
D-12		コンピュータグラフィックス	山本強著		
D-13		自然言語処理	松本裕治著		
D-14	(第5回)	並列分散処理	谷口秀夫著	148	2415円
D-15		電波システム工学	唐沢好男著		
D-16		電磁環境工学	徳田正満著		
D-17	(第16回)	VLSI工学 —基礎・設計編—	岩田穆著	182	3255円
D-18	(第10回)	超高速エレクトロニクス	中島友徳三村義共著	158	2730円
D-19		量子効果エレクトロニクス	荒川泰彦著		
D-20		先端光エレクトロニクス	大津元一著		
D-21		先端マイクロエレクトロニクス	小田柳中光正徹共著		
D-22		ゲノム情報処理	高木利久小池麻子編著		
D-23	(第24回)	バイオ情報学 —パーソナルゲノム解析から生体シミュレーションまで—	小長谷明彦著		近刊
D-24	(第7回)	脳工学	武田常広著	240	3990円
D-25		生体・福祉工学	伊福部達著		
D-26		医用工学	菊地眞編著		
D-27	(第15回)	VLSI工学 —製造プロセス編—	角南英夫著	204	3465円

定価は本体価格+税5%です。
定価は変更されることがありますのでご了承下さい。

図書目録進呈◆

コンピュータサイエンス教科書シリーズ

(各巻A5判)

■編集委員長　曽和将容
■編集委員　　岩田　彰・富田悦次

配本順			頁	定価
1.（8回）	情報リテラシー	立花 康夫 / 曽和 将容 / 春日 秀雄 共著	234	2940円
4.（7回）	プログラミング言語論	大山口 通夫 / 五味 弘 共著	238	3045円
6.（1回）	コンピュータアーキテクチャ	曽和 将容 著	232	2940円
7.（9回）	オペレーティングシステム	大澤 範高 著	240	3045円
8.（3回）	コンパイラ	中田 育男 監修 / 中井 央 著	206	2625円
11.（4回）	ディジタル通信	岩波 保則 著	232	2940円
13.（10回）	ディジタルシグナルプロセッシング	岩田 彰 編著	190	2625円
15.（2回）	離散数学 ─CD-ROM付─	牛島 和夫 編著 / 相利 民一 / 朝廣 雄一 共著	224	3150円
16.（5回）	計算論	小林 孝次郎 著	214	2730円
18.（11回）	数理論理学	古川 康一 / 向井 国昭 共著	234	2940円
19.（6回）	数理計画法	加藤 直樹 著	232	2940円
20.（12回）	数値計算	加古 孝 著	188	2520円

以下続刊

- 2. データ構造とアルゴリズム　熊谷　毅著
- 3. 形式言語とオートマトン　町田　元著
- 5. 論理回路　渋沢・曽和共著
- 9. ヒューマンコンピュータインタラクション　田野 俊一著
- 10. インターネット　加藤 聰彦著
- 12. 人工知能原理
- 14. 情報代数と符号理論　山口 和彦著
- 17. 確率論と情報理論　川端　勉著

定価は本体価格+税5％です。
定価は変更されることがありますのでご了承下さい。

図書目録進呈◆